Physik der Solarzellen

Peter Würfel

Physik der Solarzellen

2. Auflage

Spektrum Akademischer Verlag   Heidelberg · Berlin

Autor:
Prof. Dr. Peter Würfel
Institut für Angewandte Physik
Universität Karlsruhe
e-mail: peter.wuerfel@phys.uni-karlsruhe.de

Die Deutsche Bibliothek – CIP-Einheitsaufnahme

Würfel, Peter:
Physik der Solarzellen / Peter Würfel. - 2. Aufl.. -
Heidelberg ; Berlin : Spektrum, Akad. Verl., 2000
  (Spektrum-Hochschultaschenbuch)
  ISBN 3-8274-0598-X

Der Verlag und der Autor haben alle Sorgfalt walten lassen, um vollständige und
akkurate Informationen in diesem Buch zu publizieren. Der Verlag übernimmt weder
Garantie noch die juristische Verantwortung oder irgendeine Haftung für die Nutzung
dieser Informationen, für deren Wirtschaftlichkeit oder fehlerfreie Funktion für einen
bestimmten Zweck.

Lektorat: Dr. Andreas Rüdinger / Bianca Alton
Umschlaggestaltung: Eta Friedrich, Berlin

Inhalt

VORWORT

1　PROBLEME DER ENERGIEWIRTSCHAFT　　3

1.1　Energiewirtschaft　　3

1.2　Abschätzung des maximalen Vorrats an fossiler Energie　　5

1.3　Der Treibhauseffekt　　8
1.3.1　Die Verbrennung　　8
1.3.2　Die Erdtemperatur　　9

2　PHOTONEN　　12

2.1　Schwarzer Strahler　　12
2.1.1　Photonendichte n_γ im Hohlraum　(Plancksches Strahlungsgesetz)　　13
2.1.2　Energiestrom durch Fläche dA in den Raumwinkel $d\Omega$　　18
2.1.3　Abstrahlung von einer Kugeloberfläche in den Raumwinkel $d\Omega$　　21
2.1.4　Abstrahlung von einem Flächenelement in den Halbraum
(Stefan - Boltzmannsches Strahlungsgesetz)　　22

2.2　Kirchhoffsches Strahlungsgesetz für nicht-schwarze Strahler　　25

2.3　Das Sonnenspektrum　　28
2.3.1　Air Mass　　30

2.4　Konzentration der Sonnenstrahlung　　32
2.4.1　Die Abbésche Sinusbedingung　　33

2.5　Maximaler Wirkungsgrad　　38

3　HALBLEITER　　44

3.1　Elektronen im Halbleiter　　46
3.1.1　Zustandsdichte $D_e(\varepsilon_e)$ für Elektronen　　46
3.1.2　Verteilungsfunktion für Elektronen　　51

3.2　Löcher　　54

3.3　Dotierung　　58

3.4　Quasi-Fermi-Verteilungen　　62
3.4.1　Fermi-Energie und elektrochemisches Potenzial　　64

3.4.2	Austrittsarbeit	69

3.5	**Erzeugung von Elektronen und Löchern**	**71**
3.5.1	Absorption von Photonen	71
3.5.2	Generation von Elektron-Loch-Paaren	75

3.6	**Rekombination von Elektronen und Löchern**	**78**
3.6.1	Strahlende Rekombination, Emission von Photonen	79
3.6.2	Strahlungslose Rekombination	82
3.6.3	Lebensdauer	92

4	**UMWANDLUNG VON WÄRMESTRAHLUNG IN CHEMISCHE ENERGIE**	**96**

4.1	**Maximaler Wirkungsgrad für die Erzeugung chemischer Energie**	**98**

4.2	**Maximal nutzbarer Strom chemischer Energie**	**100**

5	**UMWANDLUNG VON CHEMISCHER ENERGIE IN ELEKTRISCHE ENERGIE**	**102**

5.1	**Transport von Elektronen und Löchern**	**103**
5.1.1	Feldstrom	104
5.1.2	Diffusionsstrom	105
5.1.3	Gesamtladungsstrom	107

5.2	**Separation der Elektronen und Löcher**	**109**

5.3	**Diffusionslänge der Minoritätsladungsträger**	**112**

5.4	**Dielektrische Relaxation**	**114**

5.5	**Ambipolare Diffusion**	**115**

5.6	**Dember-Effekt**	**116**

6	**STRUKTUR VON SOLARZELLEN**	**120**

6.1	**Farbstoffsolarzelle**	**121**

6.2	**Der pn-Übergang**	**123**
6.2.1	Elektrochemisches Gleichgewicht der Elektronen im Dunkeln in einem pn-Übergang	123
6.2.2	Potenzialverlauf im pn-Übergang	125
6.2.3	Strom- Spannungskennlinie des pn-Übergangs	129

6.3	**pn-Übergang mit Störstellen-Rekombination, 2-Dioden-Modell**	**135**

6.4	Heteroübergänge	137
6.5	Halbleiter-Metall-Kontakt	140
6.5.1	Schottky-Kontakt	142
6.5.2	MIS-Kontakt	143
6.6	Die Rolle des elektrischen Feldes in Solarzellen	144

7 GRENZEN DER ENERGIEKONVERSION IN SOLARZELLEN 147

7.1	Maximaler Wirkungsgrad von Solarzellen	147
7.2	Wirkungsgrad als Funktion des Bandabstands	151
7.3	Die optimale Silizium-Solarzelle	153
7.3.1	Lichteinfang	155
7.4	Dünnschicht-Solarzellen	160
7.5	Ersatzschaltung	161
7.6	Temperaturabhängigkeit der Leerlaufspannung	163
7.7	Wirkungsgrade der Einzelprozesse der Energiekonversion	164

8 KONZEPTE ZUR VERBESSERUNG DES WIRKUNGSGRADS 167

8.1	Tandemzellen	167
8.1.1	Schaltungsprobleme bei Tandemzellen	172
8.2	Konzentrator-Zellen	173
8.3	Thermophotovoltaische Energiekonversion	175
8.4	Stoßionisation	176
8.4.1	Energiekonversion mit heißen Elektronen und Löchern	179
8.5	2-Stufen Anregung über Störstellen	182

9 AUSBLICK 187

10 ANHANG 191

INDEX 194

Vorwort

Dieses Buch hat das Ziel, die Funktion von Solarzellen verständlich zu machen. Dabei wird versucht, möglichst allgemeingültige Kriterien für die Energiewandlung in Solarzellen aufzustellen, ohne sich von vornherein auf bestimmte Strukturen, wie z.B. den pn-Übergang zu beschränken. Die Energiewandlung in Solarzellen besteht im Wesentlichen aus zwei Schritten. Der erste ist die Absorption der Sonnenstrahlung und die Erzeugung von chemischer Energie. Dieser Prozess läuft in jedem Halbleiter ab. Der zweite Schritt ist die Erzeugung von Strom und Spannung. Dafür werden Strukturen benötigt und Kräfte, die die vom Licht erzeugten Elektronen und Löcher zum elektrischen Strom durch die Solarzelle antreiben. Welche Kräfte das sind und welche Strukturen einen gerichteten Ladungstransport bewirken, wird ausführlich hergeleitet. Dabei wird gezeigt, dass das in einem pn-Übergang schon im Dunkeln vorhandene elektrische Feld, das üblicherweise als Voraussetzung für eine Solarzelle angesehen wird, nicht zu den notwendigen Eigenschaften gehört, die eine Solarzellenstruktur haben muss, sondern eher eine Begleiterscheinung einer aus anderen Gründen nötigen Struktur ist. Das Buch versucht, die physikalischen Prinzipien, die der Funktion einer Solarzelle zugrunde liegen, möglichst anschaulich und doch umfassend zu entwickeln. Mit ganz wenigen Ausnahmen werden alle physikalischen Relationen hergeleitet und an Beispielen erläutert. Damit wendet sich das Buch auch besonders an den Nicht-Physiker, dem so ein gründliches Verständnis ermöglicht werden soll. Betont wird eine weitgehend von bestehenden Solarzellen-Strukturen unabhängige thermodynamische Betrachtung. Sie ermöglicht eine allgemein-gültige Bestimmung von Grenzen für den Wirkungsgrad der Umwandlung von Wärmestrahlungsenergie der Sonne in elektrische Energie, die die Möglichkeiten und Grenzen für Verbesserungen gegenwärtiger Solarzellen aufzeigt. Den Weg dazu haben erstmals W. Shockley und H.J. Queisser gewiesen.[1]

Dieses Buch ist hervorgegangen aus einer Vorlesung über Solarzellen. Ich möchte mich an dieser Stelle bei den vielen Studenten bedanken, die mich auf Fehler aufmerksam gemacht haben oder Verbesserungen anregten. Die hier vorgestellten, von der üblichen Behandlung der Solarzellen mit dem elektrischen Feld eines pn-Übergangs als Antrieb abweichenden Vorstellungen haben sich in jahrelanger Zusammenarbeit mit meinem Lehrer, Prof. Dr. W. Ruppel, entwickelt.

In der zweiten Auflage wurden einige Unzulänglichkeiten verbessert, so bei der Behandlung der Störstellenübergänge oder des Lichteinfangs. Neu hinzu gekommen ist die Behandlung von ganz neuen Solarzellenkonzepten, wie die Ladungsträgerver-

---

[1] W. Shockley, H.J. Queisser, J. Appl. Phys., **32**, (1961), 510

2

vielfachung durch Stoßionisation oder zusätzliche Absorption von Photonen bei Störstellenübergängen. Beide lassen wie die Tandemzellen theoretisch hohe Wirkungsgrade erwarten. Praktische Verbesserungen sind bisher aber nur mit Tandemzellen gelungen.

Zur Begründung des großen Interesses, das die Nutzung der Sonnenenergie allgemein findet, und der Motivation, sich speziell mit Solarzellen zu beschäftigen, werden auch die Schwierigkeiten der gegenwärtigen Energiewirtschaft behandelt. Waldsterben und Ozonproblem sind Vorboten, Temperaturerhöhung durch den Treibhauseffekt ist das größere Problem, das uns in Zukunft erwartet. Die Möglichkeit, durch die Nutzung der Sonnenenergie diese Schwierigkeiten im Prinzip beseitigen zu können, rechtfertigt die größten Anstrengungen.

1 Probleme der Energiewirtschaft

Die Energiewirtschaft fast aller, insbesondere der industrialisierten Länder basiert auf dem Verbrauch von gespeicherter Energie. Hauptsächlich ist das fossile Energie in der Form von Kohle, Erdöl und Erdgas, aber auch Kernenergie in der Form des Uranisotops U^{235}. Dabei haben wir es mit zwei Problemen zu tun. Das Leben von einem Vorrat geht nur so lange, bis er erschöpft ist. Lange vorher, also spätestens jetzt, muss man sich Gedanken machen wie das Leben ohne diesen Vorrat weiter geht und muss beginnen, Alternativen zu entwickeln. Darüber hinaus ist der Verbrauch des Vorrats mit unangenehmen Nebenwirkungen verbunden. Stoffe, die lange Zeit sicher in der Erde lagen, werden frei gesetzt und finden sich wieder in der Luft, im Wasser und in unserer Nahrung. Gegenwärtig sind die damit verbundenen Nachteile noch kaum zu spüren, aber zukünftigen Generationen werden sie das Leben erschweren. In diesem Kapitel wollen wir die Größe des Vorrats an Energie abschätzen, der ja nicht nur aus den fossilen Energieträgern besteht, sondern auch aus dem Sauerstoff der Luft, der mit ihnen zusammen verbrannt wird. Weiter werden wir die Gründe des Treibhauseffekts untersuchen, der eine praktisch nicht vermeidbare Folge des Verbrennens von Kohlenstoff ist.

1.1 Energiewirtschaft

Die Menge an chemischer Energie, die in fossilen Energieträgern gespeichert ist, wird gemessen in SteinKohleEinheiten, abgekürzt: SKE. Es enthalten

1kg Steinkohle	=	1.0 kg SKE	=	8.2 kWh
1 kg Öl	=	1.4 kg SKE	=	12.0 kWh
1 m^3 Gas	=	1.1 kg SKE	=	9.0 kWh

Der Verbrauch von chemischer Energie pro Zeit ist ein Energiestrom (Leistung), der dem Speicher entnommen wird. So ist ein mittlerer Verbrauch von 1 Tonne Steinkohle pro Jahr:

$$1 \text{ t SKE/a} = 8200 \text{ kWh/a} = 0.94 \text{ kW}.$$

Der Primärenergieverbrauch Deutschlands mit einer Bevölkerung von $80 \cdot 10^6$ Einwohnern betrug 1999

Art	Verbrauch in 10^6 t SKE/a	Verbrauch pro Kopf in kW/ Kopf
Öl	185	2.17
Gas	101	1.19
Kohle	113	1.33
Kernenergie	61	0.72
Wasserkraft	2.8	0.03
gesamt	482	5.44

davon elektrischer Energieverbrauch: 550 TWh/a = 62.8 GW ⇨ 0.78 kW/ Kopf.

Der Energieverbrauch in Deutschland von 5.44 kW pro Kopf ist sehr groß, gemessen an dem Energiestrom von 2000 kcal/d = 100 W, den der Mensch mit der Nahrung aufnimmt, und den er als Mindestbedarf zum Leben braucht.

Der Primärenergieverbrauch der Welt mit einer Bevölkerung von $6 \cdot 10^9$ Einwohnern betrug 1999

Art	Verbrauch in 10^9 t SKE/a	Verbrauch pro Kopf in kW/ Kopf
Öl	4.85	0.76
Gas	2.89	0.45
Kohle	2.98	0.47
Kernenergie	0.91	0.14
Wasserkraft	0.32	0.01
gesamt	11.95	1.87

Dieser Energieverbrauch wurde gedeckt aus Vorräten. Die noch vorhandenen bekannten Energie-Vorräte betragen

Art	Vorrat in 10^{12} t SKE
Gas	0.33
Öl	1.6
Kohle	8.4
gesamt	10.4

Es wird geschätzt, dass von diesen Vorräten nur etwa 10% mit den heutigen Techniken und zu den heutigen Preisen wirtschaftlich abbaubar sind.
Der Energieverbrauch der Welt erscheint winzig im Vergleich zum Energiestrom

von $1.7 \cdot 10^{17}$ W = $1.5 \cdot 10^{18}$ kWh/a = $1.8 \cdot 10^{14}$ t SKE/a, den die Sonne dauernd auf die Erde strahlt.
In dicht besiedelten Gebieten wie Deutschland ist die Bilanz allerdings nicht so günstig, wenn wir uns auf die natürlichen Prozesse der Photosynthese zur Umwandlung der Sonnenenergie in für uns nutzbare Energieformen beschränken. Auf das Gebiet von Deutschland mit einer Fläche von $0.36 \cdot 10^{6}$ km^2 strahlt die Sonne im Jahresmittel etwa $3.6 \cdot 10^{14}$ kWh/a = $4.3 \cdot 10^{10}$ t SKE/a. Die Photosynthese hat über alle Pflanzen gemittelt einen Wirkungsgrad von etwa 1% und bildet also aus Sonnenenergie rund $400 \cdot 10^{6}$ t SKE/a. Nicht nur, dass das nicht ausreicht, unseren Bedarf an Primärenergie von $482 \cdot 10^{6}$ t SKE/a zu decken, es zeigt auch, dass die Pflanzen nicht in der Lage sind, den Sauerstoff auf der Fläche Deutschlands durch Photosynthese wieder zu erzeugen, den wir zusammen mit Gas, Öl und Kohle verbrennen, abgesehen davon, dass die erzeugte Biomasse ja gar nicht gespeichert wird, sondern beim Verrotten den erzeugten Sauerstoff wieder verbraucht. Diese Abschätzung zeigt aber auch, dass die Deckung des Energiebedarfs durch Sonnenenergienutzung auf der Fläche Deutschlands Prozesse erfordert, die einen wesentlich höheren Wirkungsgrad haben als die Photosynthese. Dass der Sauerstoff bei uns in absehbarer Zeit nicht knapp wird, verdanken wir dem Wind, der ihn uns aus Gebieten mit geringerem Verbrauch zuweht. Lange bevor der Sauerstoff knapp wird, werden wir aber die Zunahme des Verbrennungsprodukts CO_2 zu spüren bekommen.

1.2 Abschätzung des maximalen Vorrats an fossiler Energie

Wir nehmen für diese Abschätzung[2] an, dass vor dem Entstehen des organischen Lebens weder freier Kohlenstoff noch freier Sauerstoff auf der Erde vorhanden waren. Für diese Annahme spricht, dass bei den früheren hohen Temperaturen Kohlenstoff und Sauerstoff schnell reagieren, sowohl miteinander zu CO_2 als auch mit vielen Elementen zu Karbiden und Oxiden. Da es auch heute noch an der Erdoberfläche elementare Metalle gibt, wenn auch in geringer Menge, ist anzunehmen, dass weder freier Kohlenstoff noch freier Sauerstoff mehr zur Reaktion verfügbar waren.
Der heute freie Sauerstoff in der Atmosphäre kann dann nur durch die später einsetzende Photosynthese entstanden sein. Somit kann aus der heutigen Menge an Sauerstoff in der Atmosphäre auf die Größe des Vorrats des in den Photosyntheseprodukten gespeicherten Kohlenstoffs geschlossen werden.
Bei der Photosynthese werden aus Wasser und Kohlendioxid Kohlehydrate aufgebaut nach der Reaktionsgleichung

---

[2] G. Falk, W. Ruppel, Energie und Entropie, Springer-Verlag, Berlin 1976

$$n \cdot (H_2O + CO_2) \;\Rightarrow\; n \cdot CH_2O + n \cdot O_2 .$$

Ein typisches Produkt der Photosynthese ist die Glucose: $C_6 H_{12} O_6 \equiv 6 \cdot CH_2 O$. Für diese Verbindung und für die meisten anderen Kohlehydrate gilt für das Verhältnis von freiem Sauerstoff zu in Kohlehydraten gespeichertem Kohlenstoff:

$$1 \,\text{mol}\, O_2 \;\Rightarrow\; 1 \,\text{mol}\, C$$

oder $\qquad\qquad\qquad 32 \,\text{g}\, O_2 \;\Rightarrow\; 12 \,\text{g}\, C$

Die Masse des gespeicherten Kohlenstoffs m_C ergibt sich aus der Masse des freien Sauerstoffs m_{O_2}

$$m_C = \tfrac{12}{32} \cdot m_{O_2} .$$

Der Sauerstoff, der bei der Photosynthese entstanden ist, findet sich zum größten Teil in der Atmosphäre, zu einem kleinen Teil nur gelöst im Wasser der Ozeane. Für eine Abschätzung reicht der Anteil in der Atmosphäre.
Aus dem Druck auf der Erdoberfläche von $p_E = 1$ bar $= 10$ N/cm^2 , der vom Gewicht der auf uns lastenden Luft stammt, finden wir die Masse der Luft aus der Beziehung $m_{Luft} \cdot g = p_E \cdot$ Fläche

und $\qquad\qquad m_{Luft} / \text{Fläche} = p_E / g = \dfrac{10\,\text{N}/\text{cm}^2}{10\,\text{m}/\text{s}^2} = 1\,\text{kg}/\text{cm}^2 .$

Die Gesamtmasse der Luft ergibt sich durch Multiplikation mit der Oberfläche der Erde und ist $m_{Luft} = 1$ kg/cm$^2 \cdot 4\pi R_{Erde}^2 = 5 \cdot 10^{15}$ t Luft.

Da die Luft aus 80% N_2 und 20% O_2 besteht (wir machen hier keinen Unterschied zwischen Volumenprozenten und Gewichtsprozenten), ist die Masse des Sauerstoffs: $m_{O_2} = 10^{15}$ t O_2 .
Die maximale Menge an Kohlenstoff, die aus der Photosynthese entstanden ist und jetzt noch in Lagerstätten auf der Erde vorhanden ist, ist damit:

$$m_C = \tfrac{12}{32} \cdot m_{O_2} = 400 \cdot 10^{12} \text{ t Kohlenstoff.}$$

Bisher wurden davon $10.4 \cdot 10^{12}$ t SKE gefunden.

Man könnte also hoffen, dass die Vorräte an fossiler Energie bei weiterem Suchen noch weiter anwachsen werden. Tatsächlich sind in den letzten Jahren die Vorräte dauernd angewachsen, weil mehr gefunden als verbraucht wurde. Das darf aber nicht über die Dringlichkeit, den Abbau der Vorräte einzuschränken, hinweg täuschen.

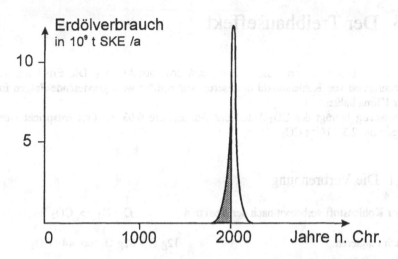

Abb. 1.1   Verbrauch pro Jahr an Erdöl. Die Fläche unter der Kurve gibt die geschätzte Gesamtmenge der Ölvorräte an.

Wenn wir nämlich den gesamten Vorrat an vorhandenem Kohlenstoff für unseren Energiebedarf nutzen, dann machen wir die Photosynthesereaktion von Millionen von Jahren gerade rückgängig und beseitigen dabei allen Sauerstoff. Auch, wenn mehr als die geschätzten $400 \cdot 10^{12}$ t Kohlenstoff vorhanden sein sollten, können wir wegen der begrenzten Menge von Sauerstoff nicht mehr als $400 \cdot 10^{12}$ t Kohlenstoff verbrennen.

Betrachten wir den Öl- und Gasverbrauch als Beispiel für den Verbrauch der fossilen Energievorräte über einen längeren Zeitraum, z.B. seit Christi Geburt, dann ergibt sich mit Abb.1.1 ein erschreckendes Bild. Bis zum Beginn dieses Jahrhunderts ist der Verbrauch der Vorräte praktisch vernachlässigbar. Er steigt dann exponentiell an bis zu einem Maximalwert, der in einigen Jahrzehnten erreicht sein wird. Danach sinkt er wieder, weil sich die Vorräte erschöpfen. Das Maximum der Förderrate wird erwartet, wenn die Vorräte auf die Hälfte abgenommen haben. Das Ergebnis wird sein, dass die Vorräte, die sich in Millionen Jahren angesammelt haben, in etwa hundert Jahren durch den Schornstein gejagt sein werden. Die Beseitigung der Vorräte ist dabei noch das geringere Problem. Schlimmer wird sich die Veränderung der Atmosphäre durch die Verbrennungsprodukte auswirken. Diese Auswirkungen werden lange anhalten. Auch, wenn spätere Generationen ihre Energieversorgung auf regenerative Energie umgestellt haben, werden sie noch unter unserer Hinterlassenschaft zu leiden haben.

1.3 Der Treibhauseffekt

Bei der Verbrennung von fossilen Energieträgern entsteht CO_2. Die Erhöhung der Konzentration von Kohlendioxid in unserer Atmosphäre wird gravierende Folgen für unser Klima haben.
Gegenwärtig beträgt der CO_2-Anteil der Atmosphäre 0.03 %. Das entspricht einer Menge von $2.3 \cdot 10^{12}$ t CO_2.

1.3.1 Die Verbrennung

Reiner Kohlenstoff verbrennt nach der Reaktion $C + O_2 \Rightarrow CO_2$

danach reagieren $12g\ C + 32g\ O_2 \Rightarrow 44g\ CO_2$.

Die Masse an CO_2, die bei der Verbrennung erzeugt wird, ist durch die Masse von verbranntem Kohlenstoff gegeben durch die Beziehung $m_{CO_2} = 44/12 \cdot m_C$. Aus 1t Kohlenstoff werden bei der Verbrennung 3.7 t CO_2.

Für einzelne Kohlenstoffverbindungen ergeben sich etwas andere Verhältnisse:

Kohlehydrate: $30g\ CH_2O + 32g\ O_2 \Rightarrow 18g\ H_2O + 44g\ CO_2$.

Das ist die chemische Reaktion bei der Verbrennung der Nahrung im menschlichen Körper.
Methan (Hauptbestandteil des Erdgases):

$$16g\ CH_4 + 64g\ O_2 \Rightarrow 36g\ H_2O + 44g\ CO_2.$$

Im Mittel entstehen aus den weltweit verbrannten 10^{10} t SKE/a $\Rightarrow 2.2 \cdot 10^{10}$ t CO_2 pro Jahr.
Eine Hälfte davon löst sich im Wasser der Ozeane, eine Hälfte bleibt in der Atmosphäre. Wenn der Energieverbrauch pro Jahr **nicht** weiter ansteigt, dann wird sich die Menge von CO_2 in der Atmosphäre erst nach etwa 200 Jahren verdoppeln. Man muss aber berücksichtigen, dass der Energieverbrauch dauernd steigt. Gegenwärtig ist der Zuwachs mit 1 Prozent pro Jahr relativ gering. In den Entwicklungsländern hat der Energieverbrauch 1999 sogar abgenommen, weil sie ihn nicht mehr bezahlen konnten. Steigt der Energieverbrauch also weiter mit etwa 1% pro Jahr weltweit an, wird die Verdopplung des CO_2-Gehalts der Atmosphäre schon nach etwa 100 Jahren erreicht. Dieser Anstieg ist weniger eine Folge des wachsenden Energieverbrauchs pro Kopf als eine Folge der wachsenden Zahl der Köpfe. Der Anstieg des CO_2 - Gehalts der Atmosphäre wird Folgen haben für die Temperatur der Erde.

1.3.2 Die Erdtemperatur

Die Erdtemperatur ist stationär, d.h. zeitlich konstant, wenn der von der Sonne absorbierte Energiestrom so groß ist wie der abgestrahlte Energiestrom. Wir wollen abschätzen, welche Temperatur die Erde in diesem stationären Zustand hat. Dazu wenden wir hier schon Strahlungsgesetze an, die erst im nächsten Kapitel hergeleitet werden.
Die Energiestromdichte von der Sonne am Ort der Erde (außerhalb der Erdatmosphäre) ist:

$$j_{E,Sonne} = 1.3 \text{ kW/m}^2.$$

Bei vollständiger Absorption ist der von der ganzen Erde absorbierte Energiestrom:

$$I_{E,abs} = \pi R_E^2 j_{E,Sonne} \qquad R_E = 6370 \text{ km, Radius der Erde.}$$

Die von der Erde abgestrahlte Energiestromdichte ist nach dem Stefan-Boltzmann-Gesetz

$$j_{E,Erde} = \sigma T_E^4, \qquad \text{mit} \quad \sigma = 5.67 \cdot 10^{-8} \text{ W/(m}^2\text{K}^4),$$

und der Energiestrom, der von der ganzen Erde emittiert wird, ist

$$I_{E,emit} = 4\pi R_E^2 \sigma T_E^4.$$

Aus $I_{E,abs} = I_{E,emit}$ folgt als Abschätzung für die mittlere Temperatur der Erde $T_E = 275K$.
Tatsächlich ist die mittlere Temperatur der Erde etwa 288K. Die ungefähre Übereinstimmung ist jedoch zufällig. Berücksichtigt man, dass etwa 30% der einfallenden Sonnenstrahlung reflektiert werden und nur etwa 70% (1kW/m²) die Erde erreichen, ergibt sich eine Temperatur von 258K. Die tatsächliche Erdtemperatur ist größer, weil die Abstrahlung der Erde teilweise von der Atmosphäre absorbiert wird. Dadurch erwärmt sich die Atmosphäre und strahlt wieder Wärme auf die Erde zurück. Dasselbe passiert in Treibhäusern, wo die Glasabdeckung die aus dem Treibhaus emittierte Wärmestrahlung absorbiert und Wärme wieder in das Treibhaus zurückstrahlt.

Wir wollen für den Treibhauseffekt eine einfache Modellrechnung durchführen. Das Spektrum der Sonnenstrahlung hat (als Energiestrom pro Wellenlänge) ein Maximum bei etwa 0.5μm, dafür ist die Atmosphäre durchsichtig. Die Strahlung der Erde hat auf Grund der niedrigeren Temperatur ihr Maximum bei etwa 10μm (im Infraroten). Alle dreiatomigen Moleküle, also auch CO_2, sind gute Absorber im infraroten Bereich. Dies bedeutet, dass zwar der größte Teil der Sonnenstrahlung die Erde erreicht, aber ein großer Teil der Abstrahlung der Erde von der Atmosphäre absorbiert

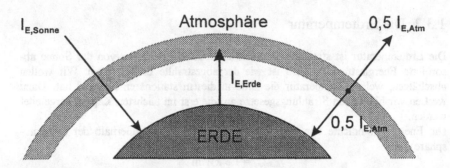

Abb. 1.2   Bilanz der absorbierten und emittierten Energieströme auf der Oberfläche der Erde

wird. Dadurch erwärmt sich die Atmosphäre und sie strahlt ihrerseits wieder Wärme zur Erde zurück. Die Erdtemperatur wird maximal, wenn die Strahlung der Erdoberfläche vollständig von der Atmosphäre absorbiert wird, was bei weiterem Anstieg des Gehalts an CO_2 zu befürchten ist.

Wir nehmen an, dass die Erde alle Strahlung absorbiert, die auf sie von der Sonne und von der Atmosphäre einfällt. Im stationären Zustand muss sie auch genau soviel emittieren. Alles, was sie im Infraroten emittiert, werde von der Atmosphäre absorbiert. Dann ist entsprechend der Abb.1.2

$$I_{E,emit,Erde} = I_{E,Sonne} + 1/2\ I_{E,Atm}\ .$$

Da die Abstrahlung der Erde von der Atmosphäre vollständig absorbiert wird, kann der von der Sonne einfallende und auf der Erdoberfläche absorbierte Energiestrom nur von der Atmosphäre in den Weltraum abgestrahlt werden. Also gilt:

$$1/2\ I_{E,Atm} = I_{E,Sonne}$$

und $$I_{E,Erde} = 2\ I_{E,Sonne}\ .$$

Daraus folgt

$$4\pi R_E^2 \cdot \sigma T_{E,Treibhaus}^4 = 2 \cdot \pi R_E^2 \cdot 1.3\ kW/m^2$$

und damit dann eine Temperatur

$$T_{E,Treibhaus} = \sqrt[4]{2}\ T_E = 1.19 \cdot 275K = 327K = 54°C.$$

Bei dieser mittleren Temperatur wäre die Erde für uns weitgehend unbewohnbar. Die Vergrößerung der Absorption der Infrarotstrahlung in der Atmosphäre durch menschlichen Einfluss rührt allerdings nur zur Hälfte von der CO_2-Produktion her, in die andere Hälfte teilen sich Methan, Fluorchlorkohlenwasserstoffe (FCKW) und Stickoxide.

Bei der Abschätzung des Treibhauseffekts haben wir die Atmosphäre wie einen Ofenschirm mit einheitlicher Temperatur behandelt, der die Sonnenstrahlung durchlässt und die Strahlung der Erde absorbiert. Berücksichtigt man, dass die Temperatur der Atmosphäre nicht einheitlich ist, dann wird sie besser durch mehrere hintereinander gestellte Ofenschirme beschrieben. Erweitern wir das Modell von einem Ofenschirm auf n Ofenschirme, dann ergibt sich für die Temperatur an der Erdoberfläche

$$T_{E,Treibhaus} = T_E \sqrt[4]{n+1}$$

Danach könnte für große Werte von n die Erdtemperatur beliebig groß werden, insbesondere sogar größer als die Sonnentemperatur. Dieses Ergebnis ist natürlich falsch, weil sich bei so großen Temperaturen eine wesentliche Voraussetzung des Modells nicht mehr erfüllen lässt. Wenn die Erdtemperatur gleich der Sonnentemperatur ist, dann ist das von der Erdoberfläche emittierte Spektrum auch gleich dem Sonnenspektrum, und. es ist nicht mehr möglich, die von der Sonne einfallende Strahlung durchzulassen und die von der Erdoberfläche emittierte Strahlung zu absorbieren, wie es für das Ofenschirm-Modell vorausgesetzt war.

Solange die Voraussetzungen erfüllt sind, ergibt sich mit mehr als einem Ofenschirm eine höhere Temperatur. Das zeigen die Verhältnisse auf der Venus. Ihr Abstand zur Sonne ist 0.723 des Abstandes der Erde zur Sonne. Die Energiestromdichte der Strahlung von der Sonne ist deshalb am Ort der Venus doppelt so groß wie am Ort der Erde. Die Atmosphäre der Venus besteht fast vollständig aus CO_2. Behandelt man die Venusatmosphäre wie einen einzigen Ofenschirm einheitlicher Temperatur, dann ergibt sich die Venustemperatur um den Faktor $\sqrt[4]{2}$ größer als die Erdtemperatur und wäre 116°C. Tatsächlich aber ist es auf der Venus etwa 475°C heiß.

Wie viele Ofenschirme zur Beschreibung der Atmosphäre nötig sind, hängt von der Strecke ab, die die emittierte Strahlung im Mittel bis zu ihrer Absorption in der Atmosphäre zurücklegt. Sie gibt den Abstand der Ofenschirme im Modell an. Wegen der großen Dichte der Venusatmosphäre mit einem Druck von 90 bar ist diese Strecke auf der Venus viel kleiner als auf der Erde.

Temperaturen wie auf der Venus brauchen wir zum Glück auf der Erde nicht zu fürchten. Selbst wenn aller Sauerstoff der Erde verbrannt würde und damit ein CO_2-Druck von etwa 1 bar entstünde, könnten die Temperaturen der Venus auf der Erde nicht erreicht werden. Gravierende Veränderungen gibt es allerdings schon bei sehr viel kleineren Temperaturerhöhungen, die auf der Erde nicht nur möglich, sondern sogar sehr wahrscheinlich sind.

2 Photonen

Die Photonen sind die Teilchen des Lichts. Die Photonen, auf die unser Auge reagiert, die wir also sehen, haben Energien $\hbar\omega$ zwischen 1.5 eV und 3 eV. Sie bewegen sich immer mit Lichtgeschwindigkeit, im Vakuum mit $c_0 = 3 \cdot 10^8$ m/s, in einem Medium mit dem Brechungsindex n mit $c = c_0/n$. Dass Licht auch als elektromagnetische Welle bezeichnet wird, ist dazu kein Widerspruch. Das Quadrat des Betrags der Feldstärke der elektro-magnetischen Welle gibt an, wo man die Photonen findet. Anders als man es für Schrotkugeln gewohnt ist, folgen die Photonen nicht der üblichen, Newtonschen Mechanik, sondern der Quantenmechanik, deren Abweichungen von der Newtonschen Mechanik nur für Teilchen sehr kleiner Energie deutlich werden. Da man sich Teilchen, die nicht geradeaus fliegen, schlecht vorstellen kann, benutzt man in einer dualistischen Betrachtung meist das Wellenbild, wenn es um Beugung und Interferenzen geht und das Teilchenbild, wenn es, wie in diesem Buch, um den quantenhaften Transport von Energie geht.

2.1 Schwarzer Strahler

Wir definieren einen schwarzen Strahler als einen Körper, der Strahlung bei allen Photonenenergien $\hbar\omega$ vollständig absorbiert. Sein Absorptionsgrad ist

$$a(\hbar\omega) = 1 . \tag{2.1}$$

Eine mögliche Realisierung ist ein kleines Loch in einem Hohlraum. Die Bezeichnung schwarz hat dieses Loch, weil es uns schwarz erscheint, wenn das Innere des Hohlraums auf niedriger Temperatur ist. Wenn das Innere auf hoher Temperatur ist wie ein Brennofen, dann erscheint ein Loch, durch das man in das Innere des Ofens sieht, natürlich sehr hell. Das Loch hat aber unabhängig von der Emission von Strahlung immer noch die Eigenschaft, alle einfallende Strahlung zu absorbieren und wird deshalb weiterhin als schwarz bezeichnet.

Die Sonne ist ein schwarzer Strahler, ebenso jeder nicht-reflektierende Körper, wenn er nur dick genug ist.

2.1.1 Photonendichte n_γ im Hohlraum (Plancksches Strahlungsgesetz)

Das Plancksche Strahlungsgesetz gibt an, wie groß die Dichte $dn_\gamma(\hbar\omega)$ der Photonen im Hohlraum ist, die Energien zwischen $\hbar\omega$ und $\hbar\omega+d\hbar\omega$ haben. Wie immer bei der Festlegung von Teilchendichten geht man so vor, dass man zuerst die Dichte D der Zustände für diese Teilchen bestimmt. Die Dichte der Teilchen ergibt sich dann mittels einer Besetzungs- oder Verteilungsfunktion f. Für die Photonen heißt das

$$dn_\gamma(\hbar\omega) = D_\gamma(\hbar\omega)\, f_\gamma(\hbar\omega)\, d\hbar\omega. \qquad (2.2)$$

Dabei ist $D_\gamma(\hbar\omega)$ die Dichte (pro Volumen und pro Energieintervall) der von Photonen besetzbaren Zustände, und $f_\gamma(\hbar\omega)$ ist die Besetzungswahrscheinlichkeit oder Verteilungsfunktion, die die Verteilung der Photonen auf die Zustände mit der Energie $\hbar\omega$ regelt.

Verteilungsfunktion $f_\gamma(\hbar\omega)$ für Photonen

Für Photonen gilt wegen ihres ganzzahligen Spins die Bose-Einstein Verteilung, die angibt, mit welcher Wahrscheinlichkeit Zustände für Photonen der Energie $\hbar\omega$ besetzt sind.

$$f_\gamma(\hbar\omega) = \frac{1}{\exp\left(\dfrac{\hbar\omega - \mu_\gamma}{kT}\right) - 1} \qquad (2.3)$$

Darin und immer in der Kombination kT ist $k = 8.617 \cdot 10^{-5}$ eV/K die Boltzmannkonstante, μ_γ ist das chemische Potenzial der Photonen, das für die Sonnenstrahlung, wie allgemein für Wärmestrahlung, den Wert $\mu_\gamma = 0$ hat. Da die Verteilungsfunktion $f_\gamma(\hbar\omega)$ nur von der Energie $\hbar\omega$ der Photonen abhängt, müssen wir auch die Dichte der Zustände $D_\gamma(\hbar\omega)$ als Funktion der Energie kennen.

Zustandsdichte $D_\gamma(\hbar\omega)$ für Photonen

Zwei Teilchen sind prinzipiell nur dann unterscheidbar, wenn sie in verschiedenen Zuständen sind. Zwei Zustände sind verschieden, wenn sie sich im Ort und im Impuls um mehr als die Unbestimmtheit eines dieser Zustände unterscheiden. Diese Heisenbergsche Unbestimmtheitsrelation ist für eine Dimension

$$\Delta x\, \Delta p_x \geq h. \qquad (2.4)$$

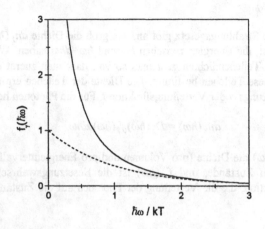

$\hbar\omega / kT$

Abb. 2.1   Bose-Einstein Verteilungsfunktion für $\mu_y = 0$. Die gestrichelte Linie
zeigt $\exp(-\hbar\omega/kT)$, eine gute Näherung für $\hbar\omega > 2kT$.

Teilchen, die wegen der Unbestimmtheitsrelation prinzipiell nicht unterscheidbar
sind, sind im selben Zustand. Ein Zustand hat damit im Orts- und Impulsraum das
"Phasenraum"-Volumen

$$\Delta x \, \Delta p_x \, \Delta y \, \Delta p_y \, \Delta z \, \Delta p_z = h^3$$

Da die Photonen im Hohlraum nicht lokalisiert sind, ist die Unbestimmtheit ihres
Ortes gleich dem ganzen Volumen des Hohlraums, der Ausdehnungen in x-, y-, z-
Richtung von L_x, L_y und L_z hat . Also ist

$$\Delta x = L_x \quad \text{und damit} \quad \Delta p_x = h/L_x$$

Die möglichen Werte der x-Komponente des Impulses liegen in Intervallen der Breite h/L_x bei

$$p_x = 0, \ \pm h/L_x, \ \pm 2h/L_x, \ \ldots$$

Analoge Beziehungen ergeben sich für Δp_y und Δp_z. Damit haben Zustände, die im
Ortsraum das Volumen $V = L_x \cdot L_y \cdot L_z$ einnehmen, im Impulsraum das Volumen
$\Delta p_x \Delta p_y \Delta p_z = \Delta p^3 = h^3/V$. Abb.2.2 zeigt das Volumen der Zustände und ihre homo-
gene Verteilung im Impulsraum. Dieses Ergebnis basiert nur auf der Heisenberg-

schen Unbestimmtheitsrelation und enthält keinerlei spezielle Teilcheneigenschaften. Es ist deshalb auch allgemein gültig, für Elektronen, die später behandelt werden, genau so wie für Photonen.

Eine spezielle Eigenschaft von Licht ist, dass es mit von einander unabhängigen Intensitäten in zwei zu einander senkrechten Polarisationsrichtungen vorkommt. Deshalb müssen wir auch zwei unabhängige Sorten von Photonen (mit entgegengesetztem Spin) berücksichtigen. Jedes Impulsraumvolumen $\Delta p^3 = h^3/V$ enthält daher zwei Photonenzustände, einen für jede Photonensorte.

Mit der Dichte der Photonenzustände im Impulsraum müssen wir jetzt noch die Dichte pro Energieintervall bestimmen. Dazu brauchen wir als weitere spezielle Eigenschaft der Photonen ihren Zusammenhang zwischen Impuls p und Energie $\hbar\omega$

$$\hbar\omega = c\,|\vec{p}|$$

Alle Zustände, in denen die Photonen Energien $\hbar\omega' < \hbar\omega$ und damit $|p'| < |p|$ haben, liegen im Impulsraum innerhalb einer Kugel mit dem Radius $|p| = \hbar\omega/c$. Ihre Zahl ist

$$N_\gamma = 2 \cdot 4\pi/3 \; p^3/(h^3/V) = 8\pi/3 \; V\,(\hbar\omega)^3/(h^3c^3) \tag{2.5}$$

Die Zustandsdichte als die Zahl der Zustände pro Volumen und pro Energieintervall erhält man aus (2.5) als den Zuwachs dN_γ bei Vergrößerung der Energie um $d\hbar\omega$.

$$D_\gamma(\hbar\omega) = 1/V \cdot \frac{dN_\gamma(\hbar\omega)}{d\hbar\omega} = (\hbar\omega)^2 / (\pi^2\hbar^3c^3). \tag{2.6}$$

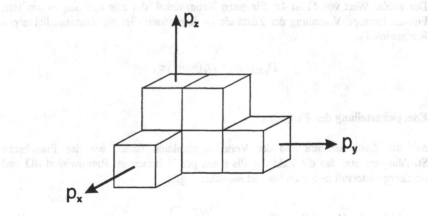

Abb. 2.2   Volumen der Zustände im Impulsraum

Darin ist $\hbar = h\,/2\pi$. Die Geschwindigkeit c der Photonen ist ihre Geschwindigkeit im Hohlraum. Ist der Hohlraum leer, dann haben die Photonen die Vakuumlichtgeschwindigkeit c_0. Ist der Hohlraum mit einem Medium mit Brechungsindex n gefüllt, dann haben sie die Geschwindigkeit $c = c_0/n$. Mit wachsendem Brechungsindex nimmt die Zustandsdichte für Photonen zu. Wegen dieses Zusammenhangs mit dem Brechungsindex ergibt sich ein Problem, wenn Photonen von einem Medium in ein anderes mit kleinerem Brechungsindex übergehen, z.B. von Glas nach Luft. Bei gleichem Wert der Verteilungsfunktion $f_\gamma\,(\hbar\omega)$ können nicht mehr alle Photonen in der geringeren Zahl von Zuständen untergebracht werden. Das führt zur Totalreflexion derjenigen Photonen, die in dem Medium mit dem kleineren Brechungsindex keinen Platz haben.

Mit der Zustandsdichte (2.6) haben wir alle Zustände für Photonen erfasst, unabhängig von der Richtung, in die sie fliegen, die die Richtung ihres Impulses p ist. In jedem Punkt des Hohlraums bewegen sich die Photonen in alle Richtungen, das heißt isotrop. Uns interessieren die Photonen, die fähig sind, durch ein Loch den Hohlraum zu verlassen. Das sind die Photonen, die an einem Ort des Hohlraums auf das Loch zufliegen, deren Impulse in diese Richtung zeigen. Da die Photonen nicht mit einander stoßen, also ihre Richtung beibehalten, finden wir diese Photonen, wenn wir ihre Dichte an jeder Stelle des Raums pro Raumwinkel bestimmen, und diese Dichte pro Raumwinkel mit dem Raumwinkelelement $d\Omega$ multiplizieren, unter dem das Loch erscheint. Denken wir uns eine Kugel mit dem Abstand zum Loch als Radius R um die Stelle, an der uns die Dichte der Photonen im Raumwinkelelement $d\Omega$ interessiert, dann enthält $d\Omega$ alle die Photonen, die durch ein Oberflächenelement dO der Kugel, nämlich das Loch, fliegen. Das Raumwinkelelement ist definiert als $d\Omega = dO\,/\,R^2$. Die Auswahl von Impulsrichtungen durch das Raumwinkelelement $d\Omega$ bedeutet für den Ortsraum, dass die Photonen mit den so ausgewählten Impulsen sich in einem Punkt in die durch $d\Omega$ angegebenen Richtungen bewegen.

Der größte Wert von Ω ist 4π, für einen Raumwinkel, der alle Richtungen umfasst. Für die isotrope Verteilung der Zustände im Impulsraum ist die Zustandsdichte pro Raumwinkel

$$D_{\gamma,\Omega}(\hbar\omega) = D_\gamma(\hbar\omega)\big/4\pi\,.$$

Energieverteilung der Photonen

Mit der Zustandsdichte und der Verteilungsfunktion finden wir das Plancksche Strahlungsgesetz, das die Zahl der Photonen pro Volumen im Raumwinkel $d\Omega$ und im Energieintervall zwischen $\hbar\omega$ und $\hbar\omega + d\hbar\omega$ angibt

$$dn_\gamma(\hbar\omega) = D_{\gamma,\Omega}(\hbar\omega)\,f_\gamma(\hbar\omega)\,d\Omega\,d\hbar\omega = \frac{(\hbar\omega)^2\,d\Omega}{4\pi^3\hbar^3\,(c_0/n)^3}\cdot\frac{d\hbar\omega}{\exp(\hbar\omega/kT)-1}\,. \tag{2.7}$$

Die Photonendichte pro Photonenenergieintervall $dn_\gamma/d\hbar\omega$ hat ihren Maximalwert bei $\hbar\omega = 1.59\ kT$.

Mit der Energie pro Photon $\varepsilon_\gamma = \hbar\omega$ bekommen wir die Energie pro Volumen und pro Photonenenergieintervall $d\hbar\omega$, im Raumwinkelintervall $d\Omega$

$$\frac{de_\gamma(\hbar\omega)}{d\hbar\omega} = D_{\gamma,\Omega}(\hbar\omega)\,f_\gamma(\hbar\omega)\,\hbar\omega\,d\Omega = \frac{(\hbar\omega)^3\,d\Omega}{4\pi^3\hbar^3\,(c_0/n)^3} \cdot \frac{1}{\exp(\hbar\omega/kT)-1}\ . \quad (2.8)$$

Die Energiedichte pro Photonenenergieintervall $de_\gamma/d\hbar\omega$ hat ihren Maximalwert bei einer Photonenenergie von

$$\hbar\omega_{max} = 2.82\ kT\ . \quad (2.9)$$

Häufig findet man die Energiedichte pro Wellenlängenintervall $de_\gamma/d\lambda$ als Funktion von λ angegeben. Mit

$$\hbar\omega = h\nu = \frac{hc}{\lambda} \qquad \text{und} \qquad d\hbar\omega = -\frac{hc}{\lambda^2}\,d\lambda \quad (2.10)$$

ist

$$\frac{de_\gamma(\lambda)}{d\lambda} = \frac{2hc\,d\Omega}{\lambda^5} \cdot \frac{1}{\exp(hc/\lambda kT)-1}\ . \quad (2.11)$$

Das Minuszeichen lassen wir weg. Es bedeutet nur, dass mit wachsender Wellenlänge λ die Photonenenergie $\hbar\omega$ abnimmt. Das Maximum von $de_\gamma/d\lambda$ liegt bei

$$\lambda_{max} = \frac{hc}{5kT} = 0.248\,\frac{\mu\text{m eV}}{kT}\ .$$

Für die Umrechnung von Photonenenergien $\hbar\omega$ in Wellenlängen λ benutzen wir Gl.(2.10):

$$\hbar\omega\,\lambda = hc = 1.240\ \text{eV}\ \mu\text{m}\ . \quad (2.12)$$

Die Gesamtstrahlungsenergie pro Volumen im Hohlraum oder die Energiedichte wird mit Gl.(2.8)

$$e_\gamma = \int_0^\infty \frac{(\hbar\omega)^3\,d\hbar\omega}{4\pi^3\hbar^3\,(c_0/n)^3\,[\exp(\hbar\omega/kT)-1]}\,\int_0^{4\pi} d\Omega\ , \quad (2.13)$$

mit $x = \hbar\omega/kT$ wird die Energiedichte

$$e_\gamma = \frac{(kT)^4}{4\pi^3\hbar^3(c_0/n)^3} \underbrace{\int_0^\infty \frac{x^3 dx}{e^x-1}}_{\pi^4/15} \, 4\pi \; = \; \frac{\pi^2 k^4}{15\,\hbar^3\,(c_0/n)^3}\, T^4 \,. \tag{2.14}$$

Das gleiche Ergebnis erhält man natürlich auch bei der Integration von Gl.(2.11). Die Photonendichte wird mit Gl.(2.7) entsprechend

$$n_\gamma = \frac{(kT)^3}{4\pi^3\hbar^3(c_0/n)^3} \underbrace{\int_0^\infty \frac{x^2 dx}{e^x-1}}_{2.40411} \, 4\pi \; = \; \frac{2.40411\,k^3}{\pi^2\hbar^3(c_0/n)^3}\, T^3 \,. \tag{2.15}$$

Die mittlere Energie der Photonen der schwarzen Strahlung ist

$$\langle \hbar\omega \rangle = e_\gamma / n_\gamma = 2.701\,kT \,. \tag{2.16}$$

2.1.2 Energiestrom durch Fläche dA in den Raumwinkel $d\Omega$

Die Energiedichte im Hohlraum pro Raumwinkel ist $e_\Omega = e_\gamma / 4\pi$ für das ganze Spektrum. Die Photonen, die sie transportieren, bewegen sich mit der Geschwindigkeit c. Gesucht ist der Energiestrom durch ein kleines Loch des Hohlraums mit der Fläche dA in einen kleinen Raumwinkel $d\Omega$ senkrecht zu dA. Aus der Abb.2.3 wird deutlich, dass zum Zeitpunkt $t = L/c$ für die Dauer $dt = dL/c$ die Energie derjenigen Photonen durch das Loch dA und in den Raumwinkel $d\Omega$ fließt, die sich zum Zeitpunkt $t = 0$ in dem Volumen $dV = L^2 \, d\Omega \, dL$ befanden und sich auf das Loch zubewegten. Von der Energie $dE = e_\gamma \, dV$ in dem Volumenelement dV fließt also während der Zeit dt der Anteil $dA/4\pi L^2$ durch das Loch. Damit ist der Energiestrom

$$dI_E = \frac{e_\gamma}{4\pi}\frac{\Delta L}{\Delta t}\frac{dA}{L^2}L^2 d\Omega \; = e_\Omega \cdot c \cdot dA \, d\Omega \,, \tag{2.17}$$

also so groß, wie man ihn für die homogene Energiedichte auch am Ort des Lochs erwartet. Wir sehen an dieser Gleichung auch, dass der in der geometrischen Optik beliebte punktförmige Strahler ($dA = 0$) eine unendlich große Energiedichte verlangt und es ihn deshalb nicht geben kann.

Wir betrachten jetzt die Ausbreitung der Strahlung bis zu einem Empfänger. Der Energiestrom, der von einer Senderfläche dA_1 auf eine Empfängerfläche dA_2 im Abstand R_{12} gestrahlt wird, kann auf zwei Weisen betrachtet werden:

Vom Sender aus gesehen geht der Energiestrom dI_{E1} von allen Punkten der Fläche dA_1 in den Raumwinkel $d\Omega_2 = dA_2 / R_{12}^2$.

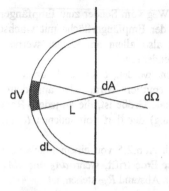

Abb. 2.3 Zum Energiestrom dI_E, der durch das Loch dA des Hohlraums in den Raumwinkel $d\Omega$ fließt.

Vom Empfänger aus gesehen kommt der Energiestrom dI_{E2} auf alle Punkte der Fläche dA_2 aus dem Raumwinkel $d\Omega_1 = dA_1 / R_{12}^2$. Es ist natürlich immer der gleiche Energiestrom

$$dI_{E1} = e_{\Omega 1} \, c \, dA_1 \, dA_2 / R_{12}^2 = dI_{E2} = e_{\Omega 2} \, c \, dA_2 \, dA_1 / R_{12}^2 \, . \qquad (2.18)$$

Wir sehen, dass die Energiedichte pro Raumwinkel $e_{\Omega 1} = e_{\Omega 2}$ ist, dass sie sich also beim Transport durch das Vakuum nicht ändert. Mit der Energiedichte pro Raumwinkel können wir auch die Energiestromdichte pro Raumwinkel bilden,

$$j_{E,\Omega} = e_\Omega \, c \, ,$$

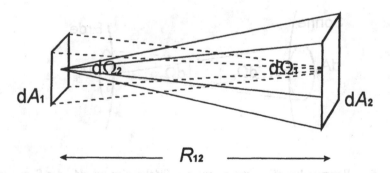

Abb. 2.4 Raumwinkel $d\Omega_2$, unter dem die Fläche dA_2 von dA_1 aus gesehen wird, und Raumwinkel $d\Omega_1$, unter dem dA_1 von dA_2 aus erscheint

die sich natürlich auf dem Weg vom Sender zum Empfänger auch nicht ändert. Dass der Energiestrom dI_{E2} auf der Empfängerfläche mit wachsendem Abstand R_{12} vom Sender kleiner wird, liegt also allein am kleiner werdenden Raumwinkel $d\Omega_1 = dA_1 / R_{12}^2$, unter dem der Sender erscheint.

Es muss noch einmal betont werden, dass der Raumwinkel $d\Omega$, in den von einem Flächenelement Strahlung emittiert wird, oder aus dem auf ein Flächenelement Strahlung auftrifft, eine lokale Größe ist, die an jedem Raumpunkt die Impulsverteilung (bezüglich der Richtung) der dort vorhandenen (emittierten oder einfallenden) Photonen angibt.

Der Energiestrom, der nach Abb. 2.5 von einem Flächenelement dA_S der Sonne auf ein Flächenelement dA_E der Erde trifft, wenn dA_S und dA_E beide senkrecht auf der Verbindung Sonne - Erde im Abstand R_{SE} stehen, ist

$$
\begin{aligned}
dI_{Sonne\text{-}Erde} &= e_{\Omega,Sonne}\, c\, d\Omega_E\, dA_S \\[2mm]
&= e_{\Omega,Sonne}\, c\, \frac{dA_E\, dA_S}{R_{SE}^2} \qquad\qquad (2.19) \\[2mm]
&= e_{\Omega,Sonne}\, c\, dA_E\, d\Omega_S \,.
\end{aligned}
$$

Entsprechend der ersten Zeile ist die Energiestromdichte pro Raumwinkel auf der Sonne in einem Punkt des Flächenelements dA_S

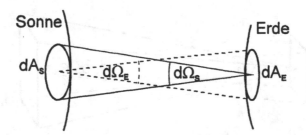

Abb. 2.5   Raumwinkel $d\Omega_S$, unter dem das Flächenelement dA_S der Sonne von der Erde aus erscheint, und Raumwinkel $d\Omega_E$, unter dem das Flächenelement dA_E der Erde von der Sonne aus erscheint.

$$j_{E,\Omega,Sonne} = \frac{dI_{Sonne-Erde}}{dA_S \, d\Omega_E} = e_{\Omega,Sonne} \cdot c \ . \qquad (2.20)$$

Sie ist entsprechend der dritten Zeile von Gl.(2.19) identisch mit der Energiestromdichte pro Raumwinkel auf der Erde in einem Punkt des Flächenelements dA_E

$$j_{E,\Omega,Erde} = \frac{dI_{Sonne-Erde}}{dA_E \, d\Omega_S} = e_{\Omega,Sonne} \cdot c = j_{E,\Omega,Sonne} \ .$$

Das ist ein wichtiges Ergebnis. Obwohl der Energiestrom auf eine Fläche, oder die Energiestromdichte, mit der Entfernung von der Sonne abnimmt, in der Nähe der Sonne viel größer ist als auf der Erde, bleibt dabei die Energiestromdichte pro Raumwinkel unverändert. In der Nähe der Sonne sieht man die Sonne nur unter einem größeren Raumwinkel als am Ort der Erde.

Ein Messinstrument für $j_{E,\Omega}$ ist eine dünne lange Röhre, die einen kleinen Raumwinkel festlegt, aus dem am Ende der Röhre Energie empfangen wird.

Um den Energiestrom, der von der ganzen Sonne zur Erde emittiert wird, zu finden, müssen wir über die Oberfläche der Sonne integrieren. Dabei ist zu beachten, dass dann nicht alle Flächenelemente senkrecht zur Verbindung Sonne - Erde stehen.

2.1.3 Abstrahlung von einer Kugeloberfläche in den Raumwinkel $d\Omega$

Wie groß die Energiestromdichte dI_E ist, die nicht senkrecht zum Flächenelement dA_S in den Raumwinkel $d\Omega_E$ abgestrahlt wird, erkennen wir mit einem Blick auf die Sonne. Sie erscheint uns trotz ihrer Kugelgestalt als gleichmäßig helle Scheibe (von einer geringen Schwächung am Rand abgesehen). Daraus schließen wir, dass jedes Flächenelement, das uns gleich groß **erscheint**, auch gleich viel in unsere Richtung abstrahlt. Die scheinbare Größe dA'_S eines Flächenelementes dA_S ist die Projektion von dA_S auf eine Ebene senkrecht zur Verbindung Sonne - Erde, also

$$dA'_S = dA_S \cos\vartheta$$

und der Energiestrom $dI_E = j_{E,\Omega} \, d\Omega_E \, dA_S \cos\vartheta$.

Entsprechend der Abb.2.6 haben alle Flächenelemente auf einem Ring um die Verbindung Sonne - Erde den gleichen Winkel ϑ gegen die Verbindungslinie. Der Radius dieses Rings ist $r = R_S \sin\vartheta$, R_S ist der Radius der Sonne. Die Fläche des Rings ist

$$dA_S = 2\pi \, r \, R_S \, d\vartheta = 2\pi \, R_S^2 \sin\vartheta \, d\vartheta \ .$$

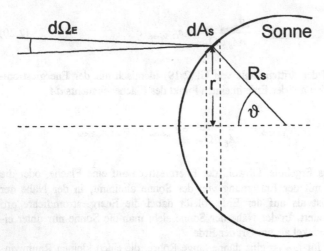

Abb. 2.6 Zum Energiestrom vom Flächenelement dA_S der Sonnenoberfläche in den Raumwinkel $d\Omega_E$, unter dem die Erde erscheint.

Da nur die uns zugewandte Halbkugel Energie zur Erde strahlt, ist der von der Sonne insgesamt zur Erde gestrahlte Energiestrom

$$I_E = j_{E,\Omega} \cdot d\Omega_E \int\limits_0^{\pi/2} 2\pi R_S^2 \sin\vartheta \cos\vartheta \, d\vartheta \ . \tag{2.21}$$

Mit $\cos\vartheta \, d\vartheta = d\left(\sin\vartheta\right)$ ist die Integration einfach und

$$I_E = j_{E,\Omega} \, d\Omega_E \, \pi \, R_S^2 \ . \tag{2.22}$$

Wir finden damit genau das, was wir vorausgesetzt hatten: Der Energiestrom zur Erde ist genau so groß wie von einer Scheibe mit dem Sonnenradius R_S, die senkrecht auf der Verbindung Sonne - Erde steht.

2.1.4 Abstrahlung von einem Flächenelement in den Halbraum (Stefan - Boltzmannsches Strahlungsgesetz)

Stellen wir uns um das Flächenelement dA, von dem Strahlung emittiert wird, eine Halbkugel mit Radius R vor, dann sieht man alle Flächenelemente, die auf einem Ring der Halbkugel liegen, von dA aus unter dem gleichen Winkel ϑ gegen die

Flächennormale. Die weitere Behandlung erfolgt wie im vorangehenden Abschnitt 2.1.3. Durch die Fläche des Rings $dO = 2\pi\,R^2\sin\vartheta\;d\vartheta$ wird ein Raumwinkelelement $d\Omega = dO/R^2 = 2\pi\sin\vartheta\;d\vartheta$ festgelegt. Die Integration über alle Energieströme $dI_E = j_{E,\Omega}\;d\Omega\;dA\cos\vartheta$ ergibt den insgesamt von dem Flächenelement in den Halbraum emittierten Energiestrom

$$I_E = j_{E,\Omega}\;\pi\,dA \qquad (2.23)$$

und die Energiestromdichte am Ort der emittierenden Fläche dA

$$j_E = j_{E,\Omega}\;\pi = e_{\gamma,\Omega}\,c\,\pi = c\,e_\gamma/4 \qquad (2.24)$$

Mit Gl.(2.14) für die Energiedichte e_γ ergibt sich das Stefan-Boltzmann-Gesetz

$$j_E = \frac{\pi^2 k^4}{60\hbar^3 c^2}T^4 = \sigma T^4. \qquad (2.25)$$

Der Wert der Konstanten $\sigma = 5.67\cdot 10^{-8}\ \mathrm{W/(m^2 K^4)}$ war von Stefan ursprünglich experimentell und später von Boltzmann theoretisch bestimmt worden.

Die Abhängigkeit der Energiestromdichte von $\cos\vartheta$ am Ort des Emitters, die in Abb.2.7 gezeigt ist, führt dazu, dass der insgesamt in den Halbraum ($\Omega = 2\pi$) emittierte Energiestrom gerade so groß ist, als ginge er mit dem Wert des Energiestroms pro Raumwinkel für $\vartheta = 0$ unabhängig von ϑ in den Raumwinkel $\Omega_{eff} = \pi$.

Mit Gl.(2.24) lässt sich die Energiedichte pro Raumwinkel auch schreiben als

$$e_\Omega = \frac{\sigma}{\pi\cdot c}\cdot T^4. \qquad (2.26)$$

Die Energiestromdichte pro Raumwinkel ist für einen schwarzen Strahler

$$j_{E,\Omega} = \frac{\sigma T^4}{\pi},$$

und die senkrecht zu einer Fläche in den kleinen Raumwinkel $d\Omega$ emittierte Energiestromdichte ist

$$j_E = \sigma T^4\,\frac{d\Omega}{\pi}. \qquad (2.27)$$

Wie schon gesagt, bedeutet die Abhängigkeit des Energiestroms von $\cos\vartheta$, dass uns eine Licht emittierende Fläche unter allen Winkeln gleich hell erscheint.

Lambert'sches Verhalten einer emittierenden Fläche hat auch zur Folge, dass die außerhalb der Fläche beobachtete Energiestromdichte pro Raumwinkel $j_{E,\Omega}$ unabhän-

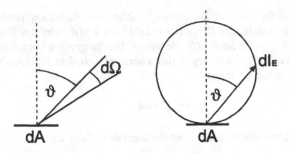

Abb. 2.7 Zur Abhängigkeit des emittierten Energiestroms dI_E vom Winkel ϑ gegen die Flächennormale

gig ist vom Winkel ϑ, unter dem man die emittierende Fläche sieht. Bei diesem Verhalten erkennt man an der emittierten Strahlung außer dem Umriss keine weiteren Strukturen eines Körpers.

Dieses sogenannte Lambert'sche Verhalten ist nicht selbstverständlich. Man findet es streng erfüllt nur bei Flächen von Körpern, die alle auf sie auftreffende Strahlung absorbieren, also von schwarzen Körpern. Im Gegensatz dazu stehen schwach absorbierende Körper. Als Beispiel denken wir uns eine Plexiglasscheibe, in der Moleküle in geringer Konzentration gelöst sind. Diese Moleküle mögen Licht isotrop emittieren (z.B. als Lumineszenzstrahlung bei Anregung mit energiereicheren Photonen). Wenn man auf die große Fläche der Scheibe guckt, sieht man alle Moleküle, genau so, wie wenn man auf die Kante der Scheibe guckt, weil sie sich wegen der geringen Dichte nicht überdecken. Unser Auge empfängt von jedem Molekül unabhängig von der Richtung, aus der wir gucken, gleich viel Photonen. Deswegen erscheint uns die Kante sehr viel heller als die große Fläche. Diese Eigenschaft findet man bei lumineszierendem Modeschmuck.

Für den Energietransport durch Strahlung werden sehr unterschiedliche Bezeichnungen verwendet. Die hier verwendeten Bezeichnungen haben folgende verbreiteten Entsprechungen:

Energiestrom	I_E	=	Strahlungsleistung	(gemessen in W)
Energiestromdichte	j_E	=	Bestrahlungsstärke	(gemessen in W/m²)
Energiestromdichte pro Raumwinkel	$j_{E,\Omega}$	=	Strahldichte	(gemessen in W/(m²sr))

Wir werden bei den bisher benutzten Bezeichnungen bleiben, weil sie physikalisch klar sind und weil nicht einzusehen ist, dass der Name für einen Transport von Energie von dem Medium abhängen sollte, mit dem die Energie transportiert wird.

2.2 Kirchhoffsches Strahlungsgesetz für nicht-schwarze Strahler

In einem Hohlraum in Abb.2.8 stehen sich zwei Platten gegenüber, die, gemessen an ihrem Abstand, weit ausgedehnt sind. Die rechte Platte ② ist schwarz wie das Loch eines Hohlraums und absorbiert alle einfallende Strahlung vollständig ($a_2 = 1$). Die linke Platte ① ist wie eine reale Platte; sie reflektiert (entsprechend ihrem Reflexionsgrad r_1), transmittiert (entsprechend ihrem Transmissionsgrad t_1) und absorbiert (entsprechend ihrem Absorptionsgrad a_1) jeweils einen Teil der Strahlung, die auf sie einfällt. Da Reflexion und Transmission von der Photonenenergie abhängen, wollen wir uns auf den Austausch von Photonen mit einer Energie zwischen $\hbar\omega$ und $\hbar\omega + d\hbar\omega$ beschränken, was wir uns durch ein Filter zwischen den Platten realisiert denken. Der im Energieintervall $d\hbar\omega$ von der schwarzen Platte ② mit der Temperatur T_2 emittierte Energiestrom mit der Dichte $dj_{E,s}(\hbar\omega, T_2)$ ist durch das Plancksche Strahlungsgesetz festgelegt.

Die auf die Platte ① einfallende Strahlung wird entweder reflektiert, transmittiert oder absorbiert. Also ist

$$r_1(\hbar\omega) + t_1(\hbar\omega) + a_1(\hbar\omega) = 1. \tag{2.28}$$

Die Platte ① emittiert auch Strahlung, und zwar um ihren (noch unbekannten) Emissionsgrad $\varepsilon_1(\hbar\omega)$ anders als ein schwarzer Körper der gleichen Temperatur. Im stationären Zustand muss jede der beiden Platten genau soviel Energie emittieren,

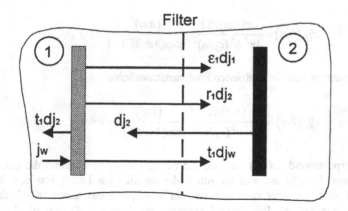

Abb. 2.8   Strahlungsaustausch zwischen zwei weit ausgedehnten Platten, die sich in einem Hohlraum gegenüberstehen.

wie sie absorbiert. Wir machen die Bilanz für die schwarze Platte ② :
Der auf die schwarze Platte ② einfallende Energiestrom besteht aus dem, was die
Platte ① reflektiert, was sie bei ihrer Temperatur T_1 emittiert, und was sie von der
Strahlung der ebenfalls schwarzen Hohlraumwände mit der Temperatur T_W durch-
lässt.

$$dj_{E,s}(\hbar\omega,T_2) = r_1(\hbar\omega)\, dj_{E,s}(\hbar\omega,T_2) + \varepsilon_1(\hbar\omega)\, dj_{E,s}(\hbar\omega,T_1) + t_1(\hbar\omega)\, dj_{E,s}(\hbar\omega,T_W)$$

(2.29)

Natürlich herrscht im Hohlraum Temperaturgleichgewicht, das durch den Austausch
von Strahlung zwischen den Platten nicht gestört werden darf. Wenn der Strahlungsaustausch zu Temperaturdifferenzen führen würde, könnte man zwischen den Platten
eine Wärmekraftmaschine laufen lassen, die elektrische Energie produziert und dabei dauernd Wärme in elektrische Energie umwandelt, also Entropie vernichtet, was
nach dem 2. Hauptsatz der Thermodynamik verboten ist.

Mit $T_1 = T_2 = T_W$ ergibt sich aus Gl.(2.29)

$$r_1(\hbar\omega) + t_1(\hbar\omega) + \varepsilon_1(\hbar\omega) = 1.$$ (2.30)

Durch Vergleich mit Gl.(2.28) finden wir

$$\varepsilon_1(\hbar\omega) = 1 - r_1(\hbar\omega) - t_1(\hbar\omega) = a_1(\hbar\omega).$$ (2.31)

Der Emissionsgrad $\varepsilon(\hbar\omega)$ eines Körpers bei der Photonenenergie $\hbar\omega$ ist gleich seinem Absorptionsgrad $a(\hbar\omega)$ bei der gleichen Photonenenergie. Diese Beziehung ist
das Kirchhoffsche Strahlungsgesetz. Nach ihm ist die von einem nicht-schwarzen
Körper im Energieintervall $d\hbar\omega$ in den Raumwinkel $d\Omega$ emittierte Energiestromdichte

$$dj_E(\hbar\omega) = \frac{a(\hbar\omega)d\Omega}{4\pi^3\,\hbar^3\,(c_0/n)^2} \cdot \frac{(\hbar\omega)^3}{\exp(\hbar\omega/kT)-1}\, d\hbar\omega.$$ (2.32)

Sie wird getragen von der emittierten Photonenstromdichte

$$dj_\gamma(\hbar\omega) = \frac{a(\hbar\omega)d\Omega}{4\pi^3\,\hbar^3\,(c_0/n)^2} \cdot \frac{(\hbar\omega)^2}{\exp(\hbar\omega/kT)-1}\, d\hbar\omega.$$ (2.33)

Der Absorptionsgrad $a(\hbar\omega)$ ist eine Körpereigenschaft und enthält die Geometrie
des Körpers. Er gibt an, welcher Anteil des einfallenden Lichts von dem Körper
absorbiert wird. Er hängt zusammen mit der Absorptionskonstanten $\alpha(\hbar\omega)$, die eine
Materialeigenschaft ist. Bei Vernachlässigung von Vielfachreflexion ist die Transmission einer Platte der Dicke d

$$t(\hbar\omega) = [\,1 - r(\hbar\omega)\,] \cdot \exp[-\,\alpha(\hbar\omega)d]. \tag{2.34}$$

Aus $a = 1 - r - t$ ergibt sich der Absorptionsgrad einer Platte der Dicke d

$$a(\hbar\omega) = [1 - r(\hbar\omega)]\,\{1 - \exp[-\,\alpha(\hbar\omega)d]\}. \tag{2.35}$$

Absorption von Halbleitern

Bei der später zu behandelnden Absorption der Sonnenstrahlung durch Solarzellen ist zu berücksichtigen, dass diese aus Halbleitern bestehen und deshalb Photonen erst mit Energien größer als eine Grenzenergie $\hbar\omega_G$ absorbieren können. Photonen mit kleinerer Energie, die nicht reflektiert werden, werden durchgelassen. Stellen wir uns noch vor, dass die Reflexion durch eine geeignete Antireflexbeschichtung beseitigt wurde, dann ist in grober Näherung der Absorptionsgrad einer genügend dicken Platte $a(\hbar\omega < \hbar\omega_G) = 0$ und $a(\hbar\omega \geq \hbar\omega_G) = 1$.
Die von einer solchen Halbleiterplatte absorbierte Energiestromdichte ist

$$j_{E,abs} = \frac{d\Omega}{4\pi^3\hbar^3(c_0/n)^2} \int_{\hbar\omega_G}^{\infty} \frac{(\hbar\omega)^3}{\exp(\hbar\omega/kT)-1}\,d\hbar\omega . \tag{2.36}$$

Mit $\hbar\omega/kT = x$ und $\hbar\omega_G/kT = x_G$ und der Umformung

$$\frac{1}{\exp(x)-1} = \frac{\exp(-x)}{1-\exp(-x)} = \exp(-x)\sum_{n=0}^{\infty}\exp(-nx) = \sum_{n=1}^{\infty}\exp(-nx) \quad \text{für } x > 0$$

wird aus Gl.(2.36)

$$j_{E,abs} = \frac{d\Omega\,(kT)^4}{4\pi^3\hbar^3(c_0/n)^2} \sum_{n=1}^{\infty}\int_{x_G}^{\infty} x^3 \exp(-nx)dx .$$

Mit partieller Integration findet man schließlich

$$j_{E,abs} = \frac{d\Omega\,(kT)^4}{4\pi^3\hbar^3c^2} \sum_{n=1}^{\infty}\exp(-nx_G)\left(\frac{x_G^3}{n}+\frac{3x_G^2}{n^2}+\frac{6x_G}{n^3}+\frac{6}{n^4}\right) . \tag{2.37}$$

Für $\hbar\omega_G \gg kT$, also $x_G \gg 1$ reichen schon wenige Glieder dieser Reihe für eine genügende Genauigkeit.
Für die absorbierte Photonenstromdichte ergibt sich entsprechend

$$j_{\gamma,abs} = \frac{d\Omega\,(kT)^3}{4\pi^3\hbar^3 c^2} \sum_{n=1}^{\infty} \exp(-nx_G)\left(\frac{x_G^2}{n} + \frac{2x_G}{n^2} + \frac{2}{n^3}\right). \qquad (2.38)$$

2.3 Das Sonnenspektrum

Abb.2.9 zeigt die Energiestromdichte pro Photonenenergieintervall als Funktion der Photonenenergie, die von der Sonne auf die Erde trifft, noch vor Eintritt in die Atmosphäre. Sie stimmt ganz gut überein mit dem, was wir aus Gl.(2.32) berechnen, wenn wir annehmen, dass die Sonne schwarz ist und eine Temperatur von T_S = 5800 K hat. Für diese Temperatur der Sonnenoberfläche ist kT_S = 0.5 eV. Das Sonnenspektrum hat sein Maximum bei $\hbar\omega_{max}$ = 2.82 kT_S = 1.41 eV, also im Infraroten, wie auch Abb.2.7 zeigt. Das ist außerhalb des sichtbaren Bereichs, der von 1.5 eV bis 3 eV reicht. Die mittlere Energie der Photonen von der Sonne ist $<\hbar\omega>$ = 2.7 kT_S = 1.35 eV.

In der häufig zu sehenden Auftragung über der Wellenlänge in Abb.2.10 hat das Sonnenspektrum ein Maximum bei λ_{max} = 0.5 μm, was einer Photonenenergie von $\hbar\omega$ = 2.48 eV entspricht, deutlich verschieden von $\hbar\omega_{max}$ der Auftragung über der Photonenenergie. Der Unterschied liegt daran, dass zwei völlig verschiedene Größen als "Sonnenspektrum" bezeichnet werden. Einmal, wie in Abb.2.9, die Energiestromdichte pro Energieintervall $dj_E/d\hbar\omega$, und einmal, wie in Abb.2.10, die Energiestromdichte pro Wellenlängenintervall $dj_E/d\lambda$. Diese beiden Größen haben unterschiedliche Einheiten. Sie bleiben auch verschieden, wenn man sie über derselben Variablen z.B. der Photonenenergie aufträgt, indem man die Wellenlängen der x-Achse von Abbildung 2.10 mit Gl.(2.12) in Photonenenergien umrechnet. Sie sind letzten Endes verschieden, weil ein in Abb.2.9 konstantes Energieintervall $d\hbar\omega$ nach Gl.(2.10) nicht einem konstanten Wellenlängenintervall $d\lambda$ entspricht.

Die Energiestromdichte außerhalb der Atmosphäre, also das Integral über jede der Kurven in Abb.2.9 oder in Abb.2.10, hat einen Wert von

$$j_{E,AM0} = 1353 \text{ W/m}^2. \qquad (2.39)$$

Die Form des Spektrums in Abb.2.9 allein beweist übrigens noch nicht, dass die Quelle, die Sonne, eine Temperatur von 5800K hat. Zwar hat das Spektrum sein Maximum bei der für diese Temperatur erwarteten Photonenenergie, einen Energiestrom pro Fläche und Photonenenergie in Form und Größe wie in Abb.2.9 kann man aber auch mit deutlich kälteren Glühlampen und entsprechenden Filtern herstellen. Darauf beruhen die Sonnensimulatoren, mit denen Solarzellen getestet werden. Die Temperatur der Sonne folgt aus dem Spektrum erst, wenn man berücksichtigt, dass die Strahlung aus dem Raumwinkel Ω_S = 6.8·10^{-5} kommt, unter dem wir die Sonne

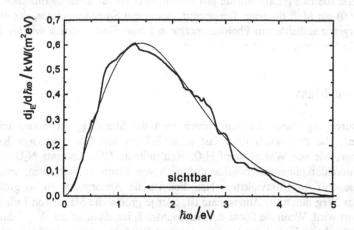

Abb. 2.9 Energiestromdichte von der Sonne pro Photonenenergieintervall außerhalb der Erdatmosphäre (dick) im Vergleich mit einem schwarzen Körper der Temperatur 5800K (dünn)

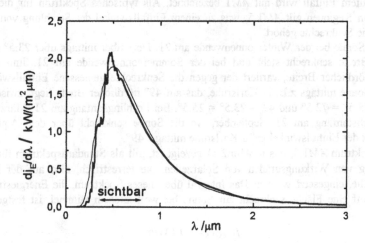

Abb. 2.10 Energiestromdichte von der Sonne pro Wellenlängenintervall außerhalb der Erdatmosphäre (dick) im Vergleich mit einem schwarzen Körper bei 5800K (dünn)

sehen. Erst die Energiestromdichte pro Raumwinkel ist für einen thermischen Strahler ($\mu_\gamma = 0$) ein Maß für seine Temperatur. Bei einem Sonnensimulator, der die gleiche Energiestromdichte pro Photonenenergie auf eine Fläche strahlt wie die Sonne, kommt die Strahlung aus einem größeren Raumwinkel.

2.3.1 Air Mass

Beim Durchgang durch die Atmosphäre wird die Strahlung der Sonne teilweise absorbiert. Die Absorption rührt fast ausschließlich von Gasen geringer Konzentration her, wie von Wasserdampf H_2O, Kohlendioxid CO_2, Lachgas N_2O, Methan CH_4, Fluorchlorkohlenwasserstoffen und auch von Staub im Infraroten, von Ozon und Sauerstoff im Ultravioletten. Natürlich ist die Absorption um so größer, je länger der Weg durch die Atmosphäre ist, oder je größer die Masse von Luft ist, die durchquert wird. Wenn die Dicke der Atmosphäre l_0 ist, dann ist der Weg l durch die Atmosphäre beim Einfall der Sonne unter dem Winkel α gegen die Senkrechte zur Erdoberfläche

$$l = l_0 / \cos\alpha.$$

Das Verhältnis von l/l_0 wird Air-Mass-Zahl genannt. Sie charakterisiert das durch Absorption einer Luftschicht der Dicke l beeinflusste reale Sonnenspektrum. Das Spektrum außerhalb der Atmosphäre wird mit $AM0$, das auf der Erdoberfläche bei senkrechtem Einfall wird mit $AM1$ bezeichnet. Als typisches Spektrum für die gemäßigten Regionen gilt $AM1.5$, was zu einem Einfallswinkel der Strahlung von 48° gegen die Senkrechte gehört.

Da die Sonne bei der Wintersonnenwende am 21. Dezember mittags über 23.5° südlicher Breite senkrecht steht und bei der Sommersonnenwende am 21. Juni über 23.5° nördlicher Breite, variiert der gegen die Senkrechte gemessene Einfallswinkel α der Sonne mittags z.B. in Karlsruhe, das auf 49° nördlicher Breite liegt, zwischen 49° + 23.5° = 72.5° und 49° - 23.5° = 25.5°. Bei Frühlingsanfang am 21. März und bei Herbstanfang am 21. September, wo die Sonne senkrecht über dem Äquator steht, ist der Einfallswinkel α für Karlsruhe mittags 49°.

Das Spektrum $AM1.5$, das in Abb.2.11 gezeigt ist, gilt als Standardspektrum für die Messung von Wirkungsgraden von Solarzellen, die terrestrisch, also auf der Erdoberfläche, eingesetzt werden. Das Integral über dieses Spektrum, die Energiestromdichte auf eine Fläche senkrecht zur Sonne bei wolkenlosem Himmel, ist festgelegt auf

$$j_{E,AM1.5} = 1.0 \text{ kW/m}^2.$$

Diese maximale Energiestromdichte ist auch für das $AM1.0$-Spektrum nur unwesentlich größer. Die maximale Energiestromdichte variiert von den tropischen zu den gemäßigten Zonen nur wenig. Viel größer sind die Unterschiede in der Energiemen-

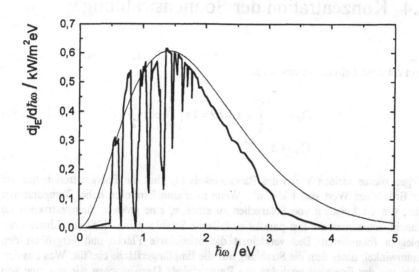

Abb. 2.11 Das $AM1.5$ Spektrum (dick) im Vergleich mit einem schwarzen Körper von 5800K (dünn)

ge, die in einem Jahr auf eine horizontale Fläche fällt. In Deutschland sind das rund 1000 kWh/(m²a). Man spricht deshalb auch von 1000 Sonnenstunden pro Jahr (mit 1 kW/m²). Das ergibt eine über das Jahr gemittelte Energiestromdichte von 115 W/m², also etwa um einen Faktor 10 weniger als die maximale Energiestromdichte $AM1.5$. Die größte Energiemenge pro Jahr wird in Saudi-Arabien mit etwa 2500 kWh/(m²a) beobachtet, was einer mittleren Energiestromdichte von 285 W/m² entspricht. Der Mittelwert für die ganze Erde liegt bei 230 W/m².

Für das $AM0$ -Spektrum, also außerhalb der Atmosphäre, ist der Mittelwert für die ganze Erde leicht auszurechnen. Wir müssen nur den die Erde treffenden Energiestrom $I_E = 1353 \cdot \pi R_{Erde}^2 \; \text{W}/\text{m}^2$ durch die ganze Erdoberfläche ($4\pi R_{Erde}^2$) dividieren und erhalten die mittlere Energiestromdichte $\langle j_E \rangle = 1/4 \cdot 1353 \, \text{W}/\text{m}^2 = 338 \, \text{W}/\text{m}^2$.

2.4 Konzentration der Sonnenstrahlung

Von der Erde aus gesehen hat die Sonne einen Winkeldurchmesser von $\alpha_S = 32'$. Dem entspricht ein Raumwinkel von

$$\Omega_S = 2\pi \int_0^{\alpha_S/2} \sin \vartheta \, d\vartheta = 2\pi \left(1 - \cos \frac{\alpha_S}{2} \right) \qquad (2.40)$$

$$\Omega_S = 6.8 \cdot 10^{-5}.$$

Wegen dieses kleinen Werts des Raumwinkels Ω_S hat die Energiestromdichte auf der Erde einen Wert von 1 kW/m^2. Wenn man zum Erreichen hoher Temperaturen oder, um die Leistung von Solarzellen zu erhöhen, eine größere Energiestromdichte braucht, muss man die fast parallel einfallende Strahlung mit Hilfe von Linsen oder Spiegeln fokussieren. Das verkleinert die beleuchtete Fläche und vergrößert den Raumwinkel, unter dem die Strahlung auf die Empfängerfläche einfällt. Was passiert dabei mit der Energiestromdichte pro Raumwinkel? Dazu machen wir uns eine von Helmholtz und Clausius aus dem Jahre 1864 stammende Überlegung zu nutze. Abb.2.12 zeigt zwei Flächenelemente dA_1 und dA_2, die über ein abbildendes System aufeinander abgebildet werden. Wegen der Umkehrbarkeit des Strahlengangs ist dA_2 das Bild von dA_1 und dA_1 das Bild von dA_2. Wir stellen uns beide Flächen als schwarze Strahler vor, die sich, ohne weitere Beleuchtung, die von ihnen emittierte Wärmestrahlung über das abbildende System zustrahlen. Auch hier gilt wieder, dass durch Emission und Absorption das Temperaturgleichgewicht zwischen dA_1 und dA_2 nicht gestört werden darf. Die Fläche dA_2 muss also von der Linse oder dem abbildenden System, dessen Transmissionsgrad $t = 1$ sein soll, genau so viel Strahlung empfangen, wie sie dorthin emittiert.

Im Temperaturgleichgewicht muss die Gleichheit von emittierten und absorbierten Energieströmen nicht nur für jedes Photonenenergieintervall wie in Abschnitt 2.2 gelten, sondern auch für jedes Richtungsintervall, also Raumwinkelelement. Ein solches wird durch ein Flächenelement der Linse, das wir durch eine Blende bestimmen, festgelegt. Das abbildende System (die Linse) verhält sich also bezüglich der Strahlung, die dA_2 trifft, wie ein schwarzer Strahler mit der Temperatur von dA_1, der aber Strahlung selektiv nur in Richtung von dA_2 sendet und sonst nirgends wohin. Wir wissen bereits, dass bei der Ausbreitung der Strahlung im freien Raum die Energiestromdichte pro Raumwinkel unverändert bleibt und deshalb am Ort der Linse in Richtung auf dA_2 genau so groß ist wie am Ort von dA_2 aus der Richtung der Linse und wegen des Temperaturgleichgewichts natürlich genau so groß wie die Energiestromdichte pro Raumwinkel am Ort von dA_1.

Beim Durchgang durch ein abbildendes System, das selbst nichts absorbiert und also auch nichts emittiert, bleibt die Energiestromdichte pro Raumwinkel erhalten.

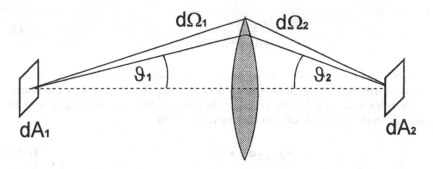

Abb. 2.12   Zur Energiestromdichte beim Durchgang durch ein abbildendes System

Die Umkehrbarkeit des Strahlengangs bedeutet thermodynamische Reversibilität. Das wiederum bedeutet, dass beim Durchgang durch ein abbildendes System keine Entropie erzeugt wird. Tatsächlich ist die Erhaltung der Energiestromdichte pro Raumwinkel in Bereichen mit gleichem Brechungsindex n bei gleichzeitiger Erhaltung der Energie pro Photon identisch mit der Erhaltung der Entropie. Genau genommen bleibt bei der nicht durch Absorption oder Streuung geschwächten Ausbreitung von Strahlung auch bei wechselndem Brechungsindex n der Besetzungsgrad der Photonenzustände f_γ in Gl. 2.3 erhalten

2.4.1 Die Abbésche Sinusbedingung

Der in Abb.2.12 von dA_1 in das Raumwinkelelement $d\Omega_1 = \sin\vartheta_1 d\vartheta_1 d\varphi_1$ in Richtung (ϑ_1, φ_1) emittierte Energiestrom ist

$$dI_{E,1} = j_{E,\Omega,1}\, dA_1 \cos\vartheta_1 \sin\vartheta_1 d\vartheta_1 d\varphi_1. \tag{2.41}$$

Dieser Energiestrom trifft auf dA_2 und ist wegen des Temperaturgleichgewichts identisch mit dem von dA_2 in Richtung (ϑ_2, φ_2) in das Raumwinkelelement $d\Omega_2 = \sin\vartheta_2 d\vartheta_2 d\varphi_2$ emittierten Energiestrom

$$dI_{E,1} = dI_{E,2} = j_{E,\Omega,2}\, dA_2 \cos\vartheta_2 \sin\vartheta_2 d\vartheta_2 d\varphi_2. \tag{2.42}$$

Wenn wir der allgemeinen Gültigkeit wegen in (2.41) und (2.42) zulassen, dass sich vor und hinter der Linse, in den Raumbereichen 1 und 2, unterschiedliche Medien mit unterschiedlichen Brechungsindizes befinden, dann gilt für die Energiestromdichten pro Raumwinkel nach (2.32)

$$\frac{j_{E,\Omega,1}}{j_{E,\Omega,2}} = \frac{c_2^2}{c_1^2} = \frac{n_1^2}{n_2^2} \tag{2.43}$$

Den gesamten Energiestrom, der von der Fläche dA_2 absorbiert oder zur Linse emittiert wird, erhalten wir durch Integration über die ganze Linse, oder über die Winkel ϑ_2 von 0 bis v, wenn v der Winkel gegen die optische Achse ist, unter dem der Linsenrand von dA_2 aus erscheint, und über φ_2 von 0 bis 2π

$$I_{E,2} = j_{E,\Omega,2}\, dA_2\, \pi \sin^2 v \tag{2.44}$$

Genauso finden wir für den gesamten Energiestrom, der von der Fläche dA_1 zur Linse emittiert oder von dort kommend absorbiert wird

$$I_{E,1} = j_{E,\Omega,1}\, dA_1\, \pi \sin^2 u \;, \tag{2.45}$$

wenn u der Winkel ist, unter dem der Linsenrand von dA_1 aus erscheint.
Da die beiden Energieströme wegen des Temperaturgleichgewichts gleich sind, erhalten wir bei Berücksichtigung von (2.43) die nach Abbé benannte Sinusbedingung für optische Abbildungen

$$n_1^2\, dA_1 \sin^2 u = n_2^2\, dA_2 \sin^2 v. \tag{2.46}$$

Ihr liegt die Erhaltung der Energiestromdichte pro Raumwinkel in Bereichen mit gleichem Brechungsindex n auch beim Durchgang durch abbildende Systeme zu Grunde. Dieser Erhaltungssatz ist keineswegs eine triviale Erkenntnis. Er widerspricht nämlich den einfachen Abbildungsgesetzen der geometrischen Optik.

Geometrische Optik

Nach der geometrischen Optik erwarten wir für die Abbildung der Sonne in ihr Bild mit der Fläche A_B durch eine Linse mit Radius r_L nach Abb.2.13, dass der Energiestrom, der auf die Linse fällt, auch auf das Bild A_B der Sonne fällt.
Der Energiestrom auf die Linse ist

$$I_E = j_{E,Sonne}\, \pi r_L^2,$$

wobei $j_{E,Sonne}$ die Energiestromdichte der Sonnenstrahlung am Ort der Linse ist. Die Energiestromdichte im Bild A_B ist dann

$$j_{E,Bild} = I_E / A_B = j_{E,Sonne}\, \pi r_L^2 / A_B\;.$$

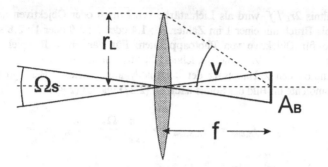

Abb. 2.13 Bild der Sonne mit Fläche A_B in der Brennebene einer Linse mit Radius r_L und Brennweite f

Der Konzentrationsfaktor C misst die Vergrößerung der Energiestromdichte und ist damit nach der geometrischen Optik

$$C = \frac{j_{E,Bild}}{j_{E,Sonne}} = \frac{\pi\, r_L^2}{A_B}\, .$$

Die Größe des Bildes A_B, das wegen der großen Entfernung der Sonne in der Brennebene entsteht, hängt nicht von der Größe der Linse, sondern nur von ihrer Brennweite f ab.

Da der Öffnungswinkel Ω_S eines Strahlenbündels, das auf die Mitte der Linse trifft, beim Durchgang durch die Linse unverändert bleibt, gilt auf der Bildseite $\Omega_S = A_B / f^2$.

Drücken wir den Linsenradius mit

$$r_L = f \tan v$$

durch den maximalen Einfallswinkel v aus, dann ergibt sich schließlich

$$C = \frac{\pi}{\Omega_S} \tan^2 v\, . \qquad (2.47)$$

Wie sich schon aus der Voraussetzung, dass der Energiestrom, der auf die Linse trifft, auch auf das Bild der Sonne trifft, ergibt, wird der Konzentrationsfaktor beliebig groß, wenn die Linse beliebig groß gemacht wird.

Als Beispiel stellen wir uns eine Linse vor mit $v > 45°$, also $r_L > f$. Für sie ist $C > \pi/\Omega_S$.

Das Verhältnis $2r_L / f$ wird als Lichtstärke von Linsen oder Objektiven angegeben und zwar als Bruch mit einer 1 im Zähler. 1 : 1.4 oder 1 : 2.0 oder 1 : 2.8 sind typische Werte für Objektive von Photoapparaten. Für das obige Beispiel wäre die Lichtstärke > 1 : 0.5. Von einem solchen Objektiv hat sicher noch niemand gehört, weil es nämlich den 2. Hauptsatz der Thermodynamik verletzt. Bei ihm wäre die Energiestromdichte im Bild der Sonne nach Gl.(2.27) und Gl.(2.47)

$$ j_{E,Bild} = C\, j_{E,Sonne} \;>\; \frac{\pi}{\Omega_S} \cdot \frac{\Omega_S}{\pi}\, \sigma T^4_{Sonne} $$

also $$ j_{E,Bild} > \sigma T^4_{Sonne} $$

und damit größer als auf der Oberfläche der Sonne.

Ein schwarzer Körper im Bild der Sonne, der auf der Rückseite verspiegelt ist und daher nach hinten nichts emittieren kann, müsste unter stationären Bedingungen mit der Energiestromdichte $j_{E,Bild} = \sigma T^4_{Bild} > \sigma T^4_{Sonne}$ abstrahlen. Seine Temperatur T_{Bild} müsste also größer sein als die der Sonne. Mit dem abgestrahlten Energiestrom $I_{E,Bild}$ ist die Abstrahlung eines Entropiestroms

$$ I_{S,Bild} = 4/3 \; I_{E,Bild}/T_{Bild} $$

verbunden, der kleiner wäre als der mit dem gleichen Energiestrom $I_{E,Bild}$ absorbierte Entropiestrom

$$ I_{S,abs} = 4/3 \; I_{E,Bild}/T_{Sonne} \,. $$

Das wäre nur möglich, wenn im Bild der Sonne dauernd Entropie vernichtet würde, was der 2. Hauptsatz der Thermodynamik verbietet.

Berücksichtigung der Sinus-Bedingung

Die richtige Bestimmung der Konzentration der Energiestromdichte berücksichtigt die Erhaltung der Energiestromdichte pro Raumwinkel $j_{E,\Omega Sonne}$. Danach erscheint die Linse vom Bild der Sonne aus gesehen genau so hell wie die Sonne (bitte nicht ausprobieren) und füllt einen Kegel mit dem Öffnungswinkel v. Nach Gl.(2.44) ist die Energiestromdichte im Bild der Sonne

$$ j_{E,Bild} = j_{E,\Omega,Sonne}\, \pi \sin^2 v \,. $$

Mit $j_{E,Sonne} = \Omega_S\, j_{E,\Omega Sonne}$ wird der Konzentrationsfaktor

$$C = \frac{\pi}{\Omega_S} \sin^2 v \, . \tag{2.48}$$

Es gibt eine maximale Konzentration für $v = 90°$

$$C_{max} = \frac{\pi}{\Omega_S} = 46200 \, . \tag{2.49}$$

Der Widerspruch zwischen Gl.(2.47), der die geometrische Optik für eine verzerrungsfreie Abbildung zu Grunde liegt, und Gl.(2.48), die auf der Thermodynamik und der Unmöglichkeit der Vernichtung der Entropie beruht, ist lösbar für abbildende Systeme mit gekrümmten Haupt-"ebenen". Die maximal mögliche Lichtstärke von 1 : 0.5 verlangt eine bildseitige Hauptebene, die halbkugelförmig um den Brennpunkt gekrümmt ist, was allerdings nicht völlig erreichbar ist.

Die maximale Konzentration ist noch auf andere Weisen möglich. Sie stellt ja sicher, dass ein absorbierender Körper Sonnentemperatur erreicht, er sich also mit der Sonne im Strahlungsgleichgewicht befindet. Nehmen wir einmal an, der Absorber habe bereits Sonnentemperatur. Die würde er behalten, wenn er in einem Hohlraum wäre, dessen Wände Sonnentemperatur haben, so, als würde er nur die Sonne sehen. Er würde die Sonnentemperatur auch behalten, wenn er sich in einem Spiegelkasten mit perfekt spiegelnden Wänden befände, wenn er sich also nur selbst sehen würde. Schließlich würde er die Sonnentemperatur behalten, wenn die Sonne einen Teil der spiegelnden Wände ersetzen würde, wenn er also nur die Sonne oder sich selbst sähe. Eine solche Anordnung, in der ein Körper mit der Sonne im Strahlungsgleichgewicht ist, zeigt Abb.2.14. Die in der Wand eines verspiegelten Hohlraums eingesetzte Linse erzeugt ein Bild der Sonne, das wenigstens so groß ist wie die Querschnittsfläche des Absorbers. Da dieser dann nur die Sonne oder sich selbst sieht, würde er Sonnentemperatur erreichen, wenn es perfekte Spiegel gäbe. Das Konstruktionsprinzip von Konzentratoren kann nach dieser Überlegung einfach definiert werden. Ein Konzentrator ist um so besser, je mehr er von der emittierten Wärmestrahlung des Absorbers auf die Sonne lenkt.
Die ideale Anordnung in Abb.2.14 erlaubt uns, den maximalen Wirkungsgrad zu bestimmen, mit dem Sonnenenergie in elektrische Energie umgewandelt werden kann.

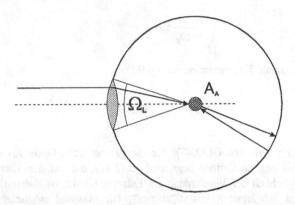

Abb. 2.14 Ein Absorber in einem verspiegelten Hohlraum, auf den mit einer Linse die Sonne abgebildet wird

2.5 Maximaler Wirkungsgrad

Um die eingestrahlte Sonnenenergie in der Anordnung der Abb.2.14 nutzen zu können, müssen wir dem Absorber über eine Leitung Wärme entnehmen, aus der mit einer idealen Wärmekraftmaschine, einer Carnot-Maschine, die größt-mögliche Menge an elektrischer Energie gewonnen wird. Wegen der Energieentnahme ist die Temperatur des Absorbers T_A jetzt kleiner als die Sonnentemperatur T_S.

Der dem Absorber mit der Querschnittsfläche A_A entnehmbare und nutzbare Energiestrom $I_{E,nutz}$ ist die Differenz aus dem absorbierten Energiestrom $I_{E,abs}$ und dem durch die Linse zur Sonne emittierten Energiestrom $I_{E,emit}$, die beide den gleichen Raumwinkel Ω_L füllen, unter dem vom Absorber aus die Linse erscheint.

$$I_{E,nutz} = I_{E,abs} - I_{E,emit} = \frac{\Omega_L}{\pi} \sigma \left(T_S^4 - T_A^4 \right) \cdot A_A .$$

Wir können für die Gewinnung von $I_{E,nutz}$ einen Wirkungsgrad definieren

$$\eta_{nutz} = \frac{I_{E,nutz}}{I_{E,abs}} = 1 - \frac{I_{E,emit}}{I_{E,abs}} = 1 - \frac{T_A^4}{T_S^4} .$$

Für einen großen Nutzwirkungsgrad η_{nutz} muss die Absorbertemperatur T_A möglichst klein sein.

Zusammen mit dem Wärmeenergiestrom $I_{E,nutz}$ der Temperatur T_A wird auch der Entropiestrom $I_S = I_{E,nutz}/T_A$ von der Wärmekraftmaschine aufgenommen. Entropie kann nach dem 2.Hauptsatz nicht vernichtet, wohl aber erzeugt werden. In einer idealen Carnot-Maschine bleibt sie gerade erhalten. Der von der Maschine aufgenommene Entropiestrom I_S muss also wieder abgegeben werden. Geschieht das bei der Temperatur T_0, dann wird dabei der Wärmeenergiestrom $T_0 I_S$ abgegeben. Die Differenz von aufgenommenem und abgegebenem Wärmeenergiestrom liefert die Carnot-Maschine als Entropie-freien Energiestrom, z.B. in Form elektrischer Energie $I_{E,el}$.

$$I_{E,el} = I_{E,nutz} - T_0 I_S = T_A I_S - T_0 I_S \,.$$

Der Wirkungsgrad dafür ist

$$\eta_C = \frac{I_{E,el}}{I_{E,nutz}} = \frac{T_A I_S - T_0 I_S}{T_A I_S} = 1 - \frac{T_0}{T_A} \,. \tag{2.50}$$

Dieser Wirkungsgrad einer idealen Wärmekraftmaschine heißt nach seinem Entdecker Carnot-Wirkungsgrad. Für einen großen Carnot-Wirkungsgrad muss die Absorbertemperatur T_A möglichst groß sein.

Der Gesamtwirkungsgrad η_{max} für die Umwandlung von Sonnenenergie in elektrische Energie ist

$$\eta_{max} = \frac{I_{E,el}}{I_{E,abs}} = \frac{I_{E,el}}{I_{E,nutz}} \cdot \frac{I_{E,nutz}}{I_{E,abs}} = \eta_{nutz} \cdot \eta_C \,.$$

$$\eta_{max} = \left(1 - \frac{T_A^4}{T_S^4}\right) \cdot \left(1 - \frac{T_0}{T_A}\right) \,. \tag{2.51}$$

Abb.2.15 zeigt η_{max} als Funktion von T_A für $T_S = 5800$ K und $T_0 = 300$ K. Der Gesamtwirkungsgrad hat einen Maximalwert von 0.85 bei einer Absorbertemperatur von $T_A = 2478$ K. Dieser große Wert des Wirkungsgrads zeigt, dass die Sonnenenergie wegen der hohen Temperatur der Sonne eine sehr hochwertige Energie ist.

Da die Wärmestrahlung der Sonne mit der Temperatur $T_S = 5800$ K von dem Absorber bei dessen niedrigerer Temperatur T_A absorbiert wird, wird bei diesem Prozess Entropie erzeugt. Wir nehmen das in Kauf, weil wir einen möglichst großen elektrischen Energiestrom entnehmen wollen, und die zur Sonne zurückgestrahlte Wärme für uns verloren ist.

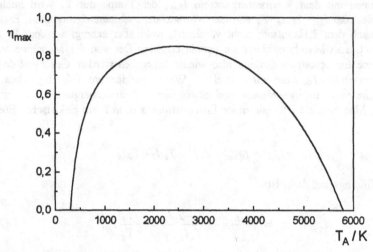

Abb. 2.15 Wirkungsgrad η_{max} der solar-thermischen Energiekonversion als Funktion der Absorbertemperatur T_A

Man kann sich fragen, wie groß der Wirkungsgrad wäre, wenn es möglich wäre, die Wärmestrahlung der Sonne von einem schwarzen Körper der Temperatur $T_A < T_S$ zu absorbieren, ohne dass dabei Entropie erzeugt wird. Dieser Wirkungsgrad wird Landsberg-Wirkungsgrad genannt. Die mit der Strahlung der Sonne aufgenommene Entropie wird auf zwei Wegen abgegeben. Ein Teil mittels der emittierten Wärmestrahlung der Temperatur T_A, der Rest an ein Wärmereservoir der Umgebungstemperatur T_0.

Die Skizze in Abb.2.16 zeigt alle Entropie- und Energieströme, über die zu bilanzieren ist. Mit der Voraussetzung, dass die absorbierende Maschine nur die Sonne sieht, hat der absorbierte Energiestrom die Dichte

$$j_{E,abs} = \sigma T_S^4 \ .$$

Die Dichte des absorbierten Entropiestroms ist für schwarze Strahlung (ohne Herleitung)

$$j_{S,abs} = 4/3 \, \frac{j_{E,abs}}{T_S} = 4/3 \, \sigma T_S^3 \ .$$

Der mit der Wärmestrahlung der Temperatur T_A zur Sonne emittierte Energiestrom

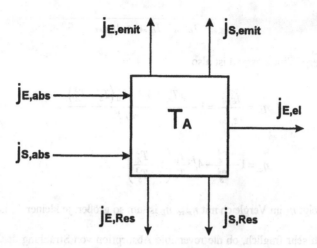

Abb. 2.16 Bilanz der Energie- und Entropieströme einer reversibel arbeitenden Maschine

ist

$$j_{E,emit} = \sigma T_A^4$$

und der emittierte Entropiestrom ist

$$j_{S,emit} = 4/3\,\sigma T_A^3.$$

Um alle absorbierte Entropie abzuführen, wird zusätzlich der Entropiestrom $j_{S,Res}$ an das Reservoir abgegeben. Damit wird der Energiestrom

$$j_{E,Res} = T_0 \cdot j_{S,Res}$$

transportiert.

Die Bedingung der Reversibilität, also der Entropieerhaltung, lautet

$$j_{S,abs} = j_{S,emit} + j_{S,Res}.$$

Daraus ergibt sich

$$j_{S,Res} = 4/3\,\sigma\left(T_S^3 - T_A^3\right)$$

und

$$j_{E,Res} = 4/3\,\sigma T_0\left(T_S^3 - T_A^3\right).$$

Der Entropie-freie nutzbare Energiestrom $j_{E,el}$ ist

$$j_{E,el} = j_{E,abs} - j_{E,emit} - j_{E,Res}.$$

Der Landsberg-Wirkungsgrad ist also

$$\eta_L = \frac{j_{E,el}}{j_{E,abs}} = 1 - \frac{\sigma T_A^4 + 4/3\,\sigma T_0\left(T_S^3 - T_A^3\right)}{\sigma T_S^4}$$

$$\eta_L = 1 - \frac{T_A^4}{T_S^4} - 4/3\frac{T_0}{T_S}\left(1 - \frac{T_A^3}{T_S^3}\right).$$

Abb.2.17 zeigt η_L im Vergleich mit η_{max}. η_L ist um so größer, je kleiner T_A ist.

Es ist jedoch sehr fraglich, ob die reversible Absorption von Strahlung der Temperatur T_S durch einen schwarzen Körper bei einer Temperatur $T_A < T_S$ von der Natur zugelassen ist. Wir werden später mit den Halbleitern Absorber kennen lernen, bei denen es Zustände gibt, in denen sie die einfallende Strahlung ohne Entropieerzeugung absorbieren können, obwohl ihre Temperatur viel kleiner als die der Strahlung ist. In diesen Zuständen emittieren sie jedoch Photonen mit einem von Null ver-

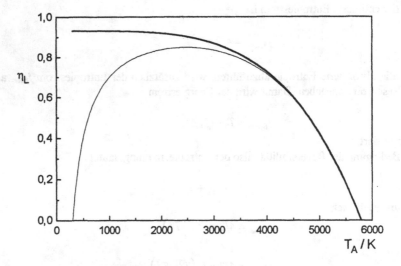

Abb. 2.17   Landsberg-Wirkungsgrad η_L (dick) als Funktion der Absorbertemperatur T_A im Vergleich mit dem Wirkungsgrad η_{max} (dünn) einer solarthermischen Maschine

schiedenen chemischen Potenzial, also anders als in der Temperaturstrahlung, deren Photonen ein chemisches Potenzial mit dem Wert Null haben. Ein Geschäft ist mit den Halbleitern trotzdem nicht zu machen, denn obwohl ihre Temperatur geringer ist, emittieren sie bei Vermeidung der Entropieerzeugung Photonen mit einem so großen chemischen Potenzial, dass der zur Sonne emittierte Photonenstrom genau so groß ist, wie der von der Sonne absorbierte.

3 Halbleiter

Die Wärmeenergie, die der Absorber in Abb. 2.14 als Nutzenergie liefert, steckt fast vollständig in der Energie der ungeordneten Schwingungen der Atome um ihre Ruhelagen in einem Festkörper. Die Schwingungsenergien sind wie bei den elektromagnetischen Eigenschwingungen des Hohlraums gequantelt. Für den Hohlraum sind die Schwingungsquanten die Photonen, für die Atomschwingungen im Festkörper heißen die Schwingungsquanten Phononen. Die Phononenenergien ε_Γ liegen zwischen 0 eV und 0.05 eV. Phononen können nur in Ausnahmefällen direkt durch Absorption von Photonen angeregt werden. Die Absorption von Photonen vollzieht sich durch Anregung von Elektronen in Zustände höherer Energie. Damit Photonen beliebiger Energie absorbiert werden können, der absorbierende Körper also schwarz ist, muss den Elektronen ein durchgehender, nicht unterbrochener Bereich von Anregungsenergien zur Verfügung stehen. Das ist bei den Metallen der Fall. Dem idealen schwarzen Körper kommt man tatsächlich mit Metallen, deren Reflexion durch Aufrauen der Oberfläche beseitigt wird, am nächsten. Wegen des nicht unterbrochenen Energiebereichs können die Elektronen die bei der Absorption eines Photons in einem Schritt aufgenommene Energie leicht in kleinen Portionen zur Anregung der Phononen wieder abgeben. Obwohl dazu viele Schritte nötig sind, passiert das typisch in Zeiten von 10^{-12} s. Weil die Anregungsenergie in Metallen nur

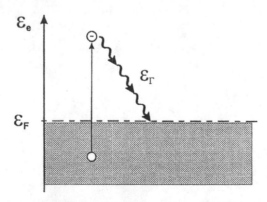

Abb. 3.1   Anregung eines Elektrons im Leitungsband eines Metalls durch Absorption eines Photons mit der Energie $\hbar\omega$

Elektronengas steckt, hat ihre direkte Nutzung, etwa durch Emission der angeregten Elektronen aus dem Metall heraus, die in Photomultipliern zum Nachweis einzelner Photonen genutzt wird, einen schlechten Wirkungsgrad.

Abb.3.1 zeigt schematisch die Absorption eines Photons durch ein Elektron in einem Metall und dessen anschließende Energieabgabe an Phononen.

Das ist anders bei sogenannten Halbleitern. Das sind Materialien, in denen der Bereich der Anregungsenergien der Elektronen unterbrochen ist durch eine Energielücke der Breite ε_G. Abb.3.2 zeigt das schematisch. Der Energiebereich unterhalb der Lücke, das Valenzband, ist mit Elektronen nahezu voll besetzt. Der Energiebereich oberhalb der Lücke, das Leitungsband, ist nahezu leer. Um ein Elektron durch Absorption eines Photons anregen zu können, muss das Photon mindestens die Energie

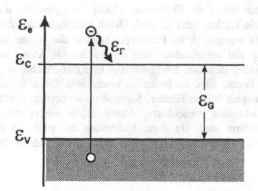

Abb. 3.2 Anregung eines Elektrons vom Valenzband ins Leitungsband eines Halbleiters durch Absorption eines Photons mit der Energie $\hbar\omega$

$\hbar\omega = \varepsilon_G$ haben. Photonen mit kleinerer Energie können keine Elektronen anregen. Sie werden nicht absorbiert, für sie ist der Halbleiter transparent.
Die Energielücke des Halbleiters hat zur Folge, dass Elektronen des Leitungsbands zwar die Energiedifferenz bis zur Unterkante des Leitungsbands schnell an Phononen abgeben, die Energie zur Rückkehr ins Valenzband aber nur schwer wieder los werden. Sie müssen nämlich die Lückenenergie ε_G wegen der fehlenden Zustände in der Lücke in einem Schritt abgeben. Diese Energie ist für die Phononen aber viel zu groß. Die Elektronen "leben" deswegen im Leitungsband bis zu 10^{-3} s. In dieser im Vergleich zu Metallen sehr langen Zeit gelingen die Prozesse der Umwandlung der Elektronenenergie in elektrische Energie.

3.1 Elektronen im Halbleiter

Wie schon bei den Photonen im Hohlraum setzt sich die Dichte der Elektronen dn_e mit der Energie ε_e im Energieintervall $d\varepsilon_e$ zusammen aus der Dichte der Zustände $D_e(\varepsilon_e)$ und einer Verteilungsfunktion $f_e(\varepsilon_e)$, die die Verteilung der Elektronen auf die Zustände regelt.

$$dn_e(\varepsilon_e) = D_e(\varepsilon_e) f_e(\varepsilon_e) d\varepsilon_e. \tag{3.1}$$

3.1.1 Zustandsdichte $D_e(\varepsilon_e)$ für Elektronen

In isolierten Atomen haben die Elektronen scharfe Energiewerte, die auf der Energieskala durch große Lücken getrennt sind. Durch Verringern des Abstands der Atome bis herunter zu wenigen Å im Festkörper spalten die vorher identischen Energiewerte auf in so viel verschiedene, wie der Festkörper Atome enthält. Dadurch werden aus den vorher diskreten Energiewerten Energiebereiche, in denen die Energiewerte so dicht liegen, dass sie lückenlos erscheinen. Diese Bereiche von möglichen Elektronenenergien heißen Bänder. Sie sind umso breiter, je stärker die Wechselwirkung der Elektronen benachbarter Atome ist, je weiter also die Elektronen vom Atomkern entfernt sind. Da diese Elektronen die größeren Energien haben, nimmt die Breite der Bänder mit wachsender Energie zu. Entsprechend nehmen die

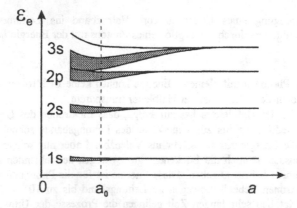

Abb. 3.3   Energie der Elektronenzustände von Natrium als Funktion des Abstands a der Natriumatome. a_0 ist ihr Abstand im festen Natrium.

Lücken zwischen den Bändern ab, bis sie ab einer bestimmten Energie ganz verschwinden, und die Bänder bei größeren Energien einander überlappen. Abb.3.3 zeigt dieses Verhalten schematisch für Natrium-Atome.
Natrium ist chemisch einwertig, entsprechend ist nur einer der zwei 3s-Zustände mit einem Elektron besetzt. Das aus den 3s-Zuständen im festen Natrium gebildete Band ist daher auch nur zur Hälfte mit Elektronen gefüllt. Diesen "Valenz"-Elektronen stehen also viele unbesetzte Zustände in dem lückenlosen Energiebereich des 3s-Bandes zur Verfügung. Es ist deswegen möglich, allen Valenzelektronen die für einen elektrischen Strom nötige Zusatzgeschwindigkeit und die damit verbundene Zusatzenergie zu geben. Ein teilweise besetztes Band ist die Voraussetzung für die metallische Leitfähigkeit. Das teilweise besetzte Band heißt Leitungsband. Umgekehrt sind reine Halbleiter und Isolatoren deswegen Nichtleiter, weil (zumindest bei T = 0 K) das oberste mit Elektronen besetzte Band vollständig besetzt ist. Es heißt Valenzband. Das durch die Energielücke ε_G getrennte, nächste, höher gelegene Band ist das Leitungsband, das (zumindest bei T = 0 K) unbesetzt ist.
Zur Bestimmung der Zustandsdichte gehen wir genau so vor wie bei den Photonen. Wir bestimmen zuerst mit Hilfe der Unbestimmtheitsrelation die Dichte der Zustände im Impulsraum und rechnen sie dann mit dem Energie-Impuls Zusammenhang von Elektronen auf die Dichte der Zustände pro Energieintervall um, weil die Verteilungsfunktion nur von der Energie abhängt..
Wie bei den Photonen unterscheiden sich zwei Zustände in Ort und Impuls der Elektronen um mindestens soviel, wie die Unbestimmtheitsrelation vorschreibt

$$(\Delta x)^3 \cdot (\Delta p)^3 = h^3 .$$

Sehen wir die Elektronen als nicht lokalisiert an, dann ist ihre Ortsunbestimmtheit $(\Delta x)^3 = V$, wenn V das Volumen des ganzen Kristalls ist. Ein Zustand hat dann im Impulsraum das Volumen

$$(\Delta p)^3 = \frac{h^3}{V} .$$

Alle Zustände mit Impulsen $|p'| \leq |p|$ füllen im Impulsraum eine Kugel mit dem Volumen $4/3 \ \pi \ |p|^3$. Die Zahl N der Zustände finden wir, indem wir dieses Volumen durch das Impulsraumvolumen eines Zustands dividieren

$$N(|p|) = \frac{4\pi |p|^3 V}{3h^3} . \tag{3.2}$$

Wie bei den Photonen gelten diese Impuls-Zustände für je zwei Elektronen mit entgegengesetztem Spin. Die Zahl der den Elektronen mit Impulsen $|p'| \leq |p|$ zur Verfügung stehenden Zustände ist daher

$$N_e\left(|p|\right) = \frac{8\pi |p|^3 V}{3h^3}. \tag{3.3}$$

Für die Bestimmung der Zustandsdichte als Funktion der Energie der Elektronen brauchen wir noch den Zusammenhang zwischen Impuls und Energie. Dazu erinnern wir uns, dass die Besetzungswahrscheinlichkeit von Zuständen nur von ihrer Energie abhängt. Damit im Gleichgewicht kein Strom fließt, müssen, bezogen auf eine willkürliche Richtung, gleich viele Zustände bei positivem und bei negativem Impuls besetzt sein. Deswegen müssen die Zustände bei positivem und negativem Impuls die gleiche Dichte pro Energieintervall haben. Da die Zustände im Impulsraum äquidistant liegen, ergibt sich, dass die Energie eine gerade Funktion des Impulses sein muss. In erster Näherung gilt also

$$\varepsilon_e = \varepsilon_C + \alpha\, p^2 + \ldots$$

In Anlehnung an freie Elektronen setzt man $\alpha = 1/2m_e^*$ und nennt m_e^* die effektive Masse der Elektronen. Damit wird die kinetische Energie der Elektronen

$$\varepsilon_{e,kin} = \varepsilon_e - \varepsilon_C = \frac{p^2}{2m_e^*}. \tag{3.4}$$

Hängt die Energie von der Richtung des Impulses ab wie in nicht-kubischen Kristallen, dann ist die effektive Masse m_e^* ein Tensor. Immer aber gilt, dass die Energie für entgegengesetzte Impulse gleich ist, $\varepsilon_{e,kin}(\vec{p}) = \varepsilon_{e,kin}(-\vec{p})$.
Setzen wir p aus Gl.(3.4) in Gl.(3.3) ein mit der Annahme, dass die effektive Masse nicht von der Energie abhängt, bekommen wir die Zahl der Zustände zwischen ε_e und ε_C

$$N_e\left(\varepsilon_e\right) = \frac{8\pi V \left(2m_e^*\right)^{3/2}}{3h^3}\left(\varepsilon_e - \varepsilon_C\right)^{3/2}. \tag{3.5}$$

Die Zustandsdichte D_e im Leitungsband, als die Zahl der Elektronenzustände pro Volumen und pro Energieintervall bei der Energie ε_e, erhalten wir durch Differenzieren von Gl.(3.5).

$$D_e\left(\varepsilon_e\right) = \frac{1}{V}\frac{dN_e}{d\varepsilon_e} = 4\pi\left(\frac{2m_e^*}{h^2}\right)^{3/2}\left(\varepsilon_e - \varepsilon_C\right)^{1/2} \tag{3.6}$$

Abb.3.4 zeigt die Zustandsdichte von Leitungs- und Valenzband für Germanium. Für das Folgende ist davon nur wichtig, dass sich jeweils am Unterrand und am Oberrand eines Bandes die Zustandsdichten als Funktion der Energie ε_e mit Gl.(3.6) be-

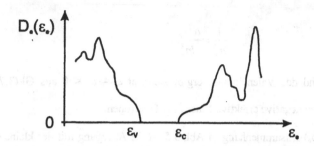

Abb. 3.4 Zustandsdichte für Elektronen im Leitungs- und Valenzband des Halbleiters Germanium

schreiben lassen, wenn nur m_e^* entsprechend gewählt wird. Für den Oberrand z.B. des Valenzbandes darf uns auch nicht erschrecken, dass $m_e^* < 0$ gewählt werden muss. Die Behandlung der Elektronen im Feld der Atomrümpfe ($\approx 10^{10}$ V/m) als quasifreie Teilchen liefert noch andere merkwürdige Eigenschaften. Wir erwarten eigentlich den in Abb.3.5 gezeigten Zusammenhang von Energie und Impuls für Elektronen im Leitungsband

$$\varepsilon_e - \varepsilon_C = \frac{p_e^2}{2m_e^*} \tag{3.7}$$

und gewinnen durch Anpassung an den tatsächlichen Energie-Impuls-Zusammenhang die effektive Masse der Elektronen

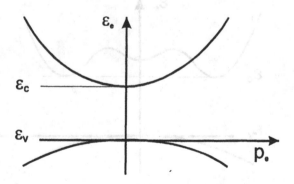

Abb. 3.5 Energie der Elektronen eines direkten Halbleiters als Funktion ihres Impulses. Das Minimum des Leitungsbands und das Maximum des Valenzbands liegen beim selben Impuls

$$\frac{1}{m_e^*} = \frac{d^2 \varepsilon_e}{dp_e^2} .$$

Am Oberrand des Valenzbandes ergibt sich mit $\varepsilon_e - \varepsilon_V < 0$ aus Gl.(3.7) und aus $\frac{d^2 \varepsilon_e}{dp_e^2} < 0$ eine negative effektive Masse der Elektronen.

Für den $\varepsilon_e(p_e)$-Zusammenhang in Abb.3.5 ist die Anregung mit der kleinsten Energie $\varepsilon_C - \varepsilon_V = \varepsilon_G$ ohne Impulsänderung möglich. Diese Anregung nennt man einen direkten Übergang, und Halbleiter mit dieser Bandstruktur heißen direkte Halbleiter. Ein Beispiel für einen direkten Halbleiter ist GaAs (Galliumarsenid).

Abb.3.6 zeigt die Bandstruktur eines indirekten Halbleiters, die wir mit der Vorstellung freier Teilchen nicht erwarten. Hier haben die Elektronen im Leitungsband bei einem von Null verschiedenen Impuls die kleinste Energie ε_C, und es gilt

$$\varepsilon_e - \varepsilon_C = \frac{\left(p_e - p_{e,0}\right)^2}{2m_e^*} . \tag{3.8}$$

Eine Anregung vom Maximum des Valenzbandes zum Minimum des Leitungsbandes ist nur mit Änderung des Impulses möglich; einen solchen Übergang nennt man indirekt.

Da im stromlosen Zustand der Gesamtimpuls der Elektronen verschwindet, muss die

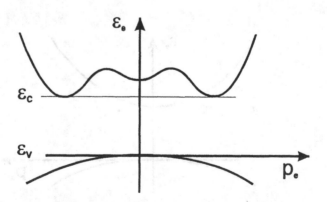

Abb. 3.6   Energie der Elektronen als Funktion ihres Impulses in einem indirekten Halbleiter, bei dem das Minimum des Leitungsbands und das Maximum des Valenzbands bei verschiedenen Impulswerten liegen

Bandstruktur, der $\varepsilon_e(p_e)$-Zusammenhang, symmetrisch zur Energieachse bei $p_e = 0$ sein. Insbesondere muss es immer eine geradzahlige Anzahl von Minima des Leitungsbandes geben, wenn diese bei $p_e \neq 0$ liegen. Beispiele für wichtige indirekte Halbleiter sind Ge (Germanium) und Si (Silizium).

3.1.2 Verteilungsfunktion für Elektronen

Die Verteilung der Elektronen auf die Zustände muss drei Bedingungen erfüllen:

1. Nach dem Pauli-Prinzip können Zustände für Teilchen mit halbzahligem (d.h. nicht-ganzzahligem) Spin nur einfach besetzt werden. Das gilt für Elektronen mit einem Spin von $\hbar/2$ im Gegensatz zu den Photonen mit einem Spin von $\hbar$.
2. Die Besetzung der Zustände hängt nur von der Energie ab und nicht z.B. vom Impuls.
3. Die Besetzung der Zustände erfolgt so, dass dadurch die Freie Energie $F = E - TS$ minimal wird.

Würde die Verteilung der Elektronen auf die Zustände so erfolgen, dass dadurch die Energie E minimal wird, dann bliebe bei allen Temperaturen T das Valenzband vollständig besetzt und das Leitungsband leer. In diesem Zustand wäre die Entropie S der Elektronen Null, da es nur eine Möglichkeit gibt, mit nicht unterscheidbaren Teilchen ein volles Valenzband und ein leeres Leitungsband zu schaffen. Setzt man einige Elektronen vom Valenzband ins Leitungsband, dann nimmt dadurch zwar die Energie zu, noch stärker aber die Entropie, da es jetzt viele Möglichkeiten gibt, ein Elektron aus irgend einem von 10^{23} Zuständen pro cm^3 des Valenzbands wegzunehmen und es in irgend einen von 10^{23} Zuständen pro cm^3 des Leitungsbands zu stecken. Die „Wärme" TS nimmt zu und die Freie Energie F nimmt ab. Ist bereits eine bestimmte Menge Elektronen im Leitungsband, ist der Zuwachs der Entropie bei einem weiteren Elektronenübergang geringer. Der Zuwachs von TS wiegt gerade den Zuwachs der Energie E auf, wenn die Freie Energie F ihren Minimalwert erreicht.

Die Verteilungsfunktion, die alle diese Bedingungen erfüllt, ist die Fermi-Verteilung

$$f_e(\varepsilon_e) = \frac{1}{\exp\left(\dfrac{\varepsilon_e - \varepsilon_F}{kT}\right) + 1} . \tag{3.9}$$

Sie enthält die Fermi-Energie ε_F als charakteristische Energie. Abb.3.7 zeigt die Fermi-Verteilungsfunktion. Für Zustände mit $\varepsilon_e \ll \varepsilon_F$ ist $f(\varepsilon_e) \approx 1$, sie sind vollständig besetzt. Umgekehrt ist $f(\varepsilon_e \gg \varepsilon_F) \approx 0$, Zustände mit $\varepsilon_e \gg \varepsilon_F$ sind unbesetzt. Zustände mit $\varepsilon_e = \varepsilon_F$ sind zur Hälfte besetzt.

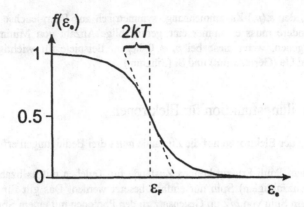

Abb. 3.7   Die Fermi-Verteilung $f(\varepsilon_e)$ gibt an, mit welcher Wahrscheinlichkeit ein Zustand der Energie ε_e mit einem Elektron besetzt ist.

Die Dichte der Elektronen im Energieintervall ε_e, $\varepsilon_e + d\varepsilon_e$ ist

$$dn_e(\varepsilon_e) = D_e(\varepsilon_e) f_e(\varepsilon_e)\, d\varepsilon_e. \tag{3.10}$$

Die Integration über das Leitungsband ergibt die Dichte der freien Elektronen im Leitungsband oder einfach die Dichte der Elektronen. Von jetzt ab wollen wir unter Elektronen nur noch die Elektronen im Leitungsband verstehen.

$$n_e = \int_{\varepsilon_C}^{\infty} D_e(\varepsilon_e) f_e(\varepsilon_e)\, d\varepsilon_e. \tag{3.11}$$

Für die Integration können wir ruhig die Zustandsdichte aus Gl.(3.6), die für den Unterrand des Leitungsbands gilt, für das ganze Band (und darüber hinaus $\to \infty$) verwenden, weil der exponentielle Abfall von $f_e(\varepsilon_e)$ für einen bei großen ε_e verschwindend kleinen Integranden sorgt. Als Ergebnis der Integration erhalten wir für $\varepsilon_F < \varepsilon_C - 3kT$, was uns erlaubt, die 1 im Nenner der Fermi-Verteilung wegzulassen,

$$n_e = N_C \exp\left(-\frac{\varepsilon_C - \varepsilon_F}{kT}\right). \tag{3.12}$$

$$N_C = 2\left(\frac{2\pi m_e^* kT}{h^2}\right)^{3/2} \tag{3.13}$$

ist die sogenannte effektive Zustandsdichte des Leitungsbands. Für $m_e^* = m_e$ hat sie den Wert

$$N_C = 2 \cdot 10^{19} \text{ cm}^{-3}. \tag{3.14}$$

Die bei der Integration gemachte Vereinfachung, die "1" im Nenner der Fermi-Funktion zu vernachlässigen, ist zulässig für $n_e \ll N_C$.

Da ein voll besetztes Valenzband keinen Ladungstransport zulässt, kommt es auf die wenigen unbesetzten Zustände an, die man Löcher nennt. Ihre Dichte ist in der gleichen Näherung wie bei den Elektronen

$$n_h = \int\limits_{-\infty}^{\varepsilon_V} D_e(\varepsilon_e)\left[1 - f_e(\varepsilon_e)\right] d\varepsilon_e = N_V \exp\left(-\frac{\varepsilon_F - \varepsilon_V}{kT}\right), \tag{3.15}$$

mit $N_V = 2\left(\dfrac{2\pi\, m_h^*\, kT}{h^2}\right)^{3/2}$, der effektiven Zustandsdichte des Valenzbands.

Der Index h der Löcherdichte n_h kommt vom englischen Wort hole.

Bevor wir uns mit den Eigenschaften der Löcher näher befassen, finden wir noch eine wichtige Relation

$$\begin{aligned} n_e \cdot n_h &= N_C \exp\left(-\frac{\varepsilon_C - \varepsilon_F}{kT}\right) \cdot N_V \exp\left(\frac{\varepsilon_V - \varepsilon_F}{kT}\right) \\ &= N_C N_V \exp\left(-\frac{\varepsilon_C - \varepsilon_V}{kT}\right) = N_C N_V \exp\left(-\frac{\varepsilon_G}{kT}\right). \end{aligned} \tag{3.16}$$

Das Produkt der Dichte der Elektronen und der Löcher hängt nicht von der Lage der Fermi-Energie ab und also auch nicht einzeln von der Dichte der Elektronen oder der Löcher. Es kann deshalb auch nicht durch Dotierung verändert werden. In einem reinen, sogenannten intrinsischen Halbleiter stammen die Elektronen im Leitungsband aus dem Valenzband. Die Dichte der Elektronen n_e ist dann gleich der Dichte der Löcher n_h und wird als intrinsische Dichte n_i bezeichnet.

$$n_e \cdot n_h = n_i^2 = N_C N_V \exp\left(-\frac{\varepsilon_G}{kT}\right). \tag{3.17}$$

Die Lage der Fermi-Energie ergibt sich für den intrinsischen Halbleiter aus der Bedingung $n_e = n_h$ mit Gl.(3.12) und Gl.(3.15) zu

$$\varepsilon_F = \frac{1}{2}(\varepsilon_V + \varepsilon_C) + \frac{1}{2}kT\ln\frac{N_V}{N_C} \qquad (3.18)$$

oder durch die effektiven Massen in N_C und N_V ausgedrückt

$$\varepsilon_F = \frac{1}{2}(\varepsilon_V + \varepsilon_C) + \frac{3}{4}kT\ln\frac{m_h^*}{m_e^*}. \qquad (3.19)$$

Mit Kenntnis der Verteilung der Elektronen auf die Zustände können wir die mittlere Energie der Elektronen berechnen

$$<\varepsilon_e> = \frac{1}{n_e}\int_{\varepsilon_C}^{\infty} \varepsilon_e D_e(\varepsilon_e) f_e \, d\varepsilon_e = \varepsilon_C + \frac{3}{2}kT. \qquad (3.20)$$

Darin ist ε_C die potentielle Energie. Die mittlere kinetische Energie der Elektronen (im Leitungsband) von $<\varepsilon_e - \varepsilon_C> = 3/2\,kT$ zeigt, dass die Elektronen ein ideales Gas sind.

3.2 Löcher

Zu jedem Zustand mit Impuls $\bar{p}$ gibt es einen Zustand mit entgegengesetztem Impuls $-\bar{p}$. Bei einem vollen Band ist deshalb der Gesamtimpuls Null, es fließt kein Strom.

Die Eigenschaften der Löcher wollen wir uns an einem Band mit einem einzigen unbesetzten Zustand klarmachen, indem wir ihm einmal ein Elektron e, das die Geschwindigkeit v_e hat, wegnehmen, oder, alternativ dazu, das fehlende Elektron durch das Hinzufügen eines Lochs zu dem vollen Band erzeugen.

Man erhält den Strom in einem Band durch Summation über die Geschwindigkeiten v_e der besetzten Zustände.

Nehmen wir dem vollen Band ein Elektron weg, das die Geschwindigkeit $\tilde{v}_e$ hat, dann erhalten wir

$$j_Q = -\frac{e}{Vol}\sum_{besetzte\ Zustände} v_{e,i} = \underbrace{-\frac{e}{Vol}\sum_{alle\ Zustände} v_{e,i}}_{=\,0\ (volles\ Band)} - \left(-\frac{e}{Vol}\tilde{v}_e\right) = \frac{e}{Vol}\tilde{v}_e. \qquad (3.21)$$

Den gleichen Strom erhält man durch Hinzufügen eines Lochs zu einem vollen Band

$$j_Q = -\underbrace{\frac{e}{Vol} \sum_{alle\ Zustände} v_{e,i}}_{=\,0\,(\,volles\ Band\,)} + \underbrace{\left(\frac{q_h}{Vol} \tilde{v}_h\right)}_{Loch}. \qquad (3.22)$$

Also ist

$$j_Q = \frac{e}{Vol} \tilde{v}_e = \frac{q_h}{Vol} \tilde{v}_h. \qquad (3.23)$$

Die Ladung eines Bandes, dem ein Elektron fehlt, ist gleich der Ladung eines vollen Bandes, dem eine positive Elementarladung hinzugefügt wurde. Also ist die Ladung des Lochs

$$q_h = +e.$$

Nach Gl.(3.23) ist damit allgemein $v_h = v_e$ für ein Loch in einem Zustand, in dem das Elektron die Geschwindigkeit v_e hat. Dann müssen auch die Beschleunigungen von Elektron und Loch als Reaktion auf ein elektrisches Feld E gleich sein

$$a_e = -\frac{eE}{m_e^*} = \frac{eE}{m_h^*} = a_h.$$

Damit ist die effektive Masse des Lochs

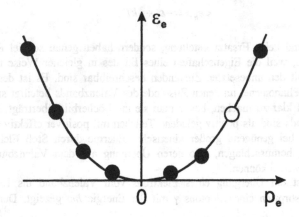

Abb. 3.8   Ein Band, dem ein Elektron mit $p_e > 0$ fehlt hat einen Gesamtimpuls $\Sigma p_e < 0$ und einen elektrischen Strom $j_Q > 0$

$$m_h^* = -m_e^* .$$

Für den Impuls eines Bandes, dem ein Elektron mit dem Impuls p_e fehlt, ergibt sich

$$\bar{p} = \sum_{\substack{volles \\ Band}} \bar{p}_i - p_e = \sum_{\substack{volles \\ Band}} \bar{p}_i + p_h$$

$$p_h = -p_e .$$

Für die Energie ε_h des Lochs, das ein fehlendes Elektron der Energie ε_e repräsentiert, ergibt sich in gleicher Weise

$$\varepsilon_h = -\varepsilon_e .$$

Die Eigenschaften eines Bandes ergeben sich sowohl durch Summation über alle besetzten Zustände als auch durch Summation über alle unbesetzten Zustände. Bei einem fast leeren Band, wie dem Leitungsband, ist die Beschreibung durch die besetzten Zustände einfach, da die wenigen Elektronen dann ein ideales Gas bilden. Bei einem fast vollen Band, wie dem Valenzband, ist die Beschreibung durch die besetzten Zustände kompliziert, weil die Elektronen am oberen Bandrand eine negative effektive Masse haben, und Geschwindigkeit und Impuls bei ihnen entgegengerichtet sind. Ein fast volles Band lässt sich einfacher durch die wenigen, nicht besetzten Zustände, die Löcher, beschreiben, die dann eine positive Ladung tragen, eine positive effektive Masse haben und, wie die Elektronen im Leitungsband, ein ideales Gas bilden.
Ihre mittlere Energie ist

$$<\varepsilon_h> = -\varepsilon_v + \frac{3}{2}kT . \tag{3.24}$$

Die Löcher sind keine Ersatzvorstellung, sondern haben genau so viel Realität wie die Elektronen, weil die Eigenschaften eines Bandes in gleicher Weise mit den besetzten wie mit den unbesetzten Zuständen beschreibbar sind. Es ist deshalb völlig unnötig, sich Phänomene, an denen Zustände des Valenzbands beteiligt sind, erst im Elektronenbild klar zu machen, bevor man sie ins Löcherbild überträgt. Die Löcher des Valenzbands sind als positiv geladene Teilchen mit positiver effektiver Masse so real, dass sie bei genügend großer kinetischer Energie durch Stoß Elektronen aus ihrer Bindung herausschlagen, also deren Übergang aus dem Valenzband ins Leitungsband bewirken können.
In Abb.3.9 ist ein Übergang eines Elektrons vom Valenzband ins Leitungsband durch die Absorption eines Photons γ mit der Energie $\hbar\omega$ gezeigt. Der Halbleiter absorbiert dabei die Energie des Photons $\varepsilon_\gamma = \hbar\omega$ und seinen Impuls $p_\gamma = \dfrac{\hbar\omega}{c}$.

Durch die Anregung erhält das Leitungsband ein zusätzliches Elektron mit Impuls p_e und Energie ε_e, während dem Valenzband ein Loch mit Impuls p_h und Energie ε_h hinzugefügt wird. Wir sehen die Anregung also als die Erzeugung eines Elektrons (im Leitungsband) und eines Lochs (im Valenzband) an und schreiben sie als chemische Reaktion

$$\gamma \to e + h.$$

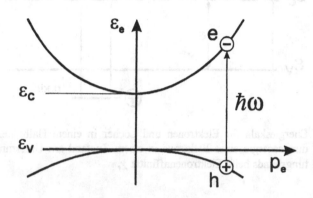

Abb. 3.9   Erzeugung eines Elektron-Loch Paares durch Absorption eines Photons

Dafür müssen die Impulserhaltung $\quad p_\gamma = p_e + p_h$

und die Energieerhaltung $\quad \varepsilon_\gamma = \hbar\omega = \varepsilon_e + \varepsilon_h \quad$ erfüllt sein.

Abb.3.10 zeigt eine Energieskala für Elektronen. Ihr Nullpunkt ist festgelegt durch die Energie eines freien Elektrons im Vakuum, das sich im elektrischen Potenzial $\varphi = 0$ befindet und die kinetische Energie $\varepsilon_{kin} = 0$ hat. Die im Halbleiter gebundenen Elektronen haben, gegen diesen Nullpunkt gemessen, eine negative Energie ε_e. Die Energie der Löcher ε_h ist dann positiv. Die Bandränder ε_C, ε_V müssten für die Löcher eigentlich um die Nulllinie nach oben geklappt gezeichnet werden. Diese Darstellung ist kompliziert und unüblich. Wir wollen stattdessen Löcherenergien wie Elektronenenergien eintragen und ihre Größe und Vorzeichen durch die Länge und Richtung von Pfeilen bis zur Nulllinie berücksichtigen. Für Elektronenenergien weisen die Pfeile nach unten, für Löcherenergien weisen sie nach oben. Die Summe $\varepsilon_e + \varepsilon_h$ ist in dieser Darstellung gleich der Differenz der Abstände von der Nulllinie.

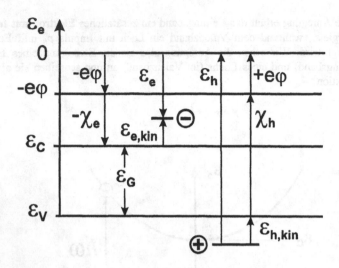

Abb. 3.10   Energieskala für Elektronen und Löcher in einem Halbleiter, die Bindungsenergie eines Elektrons in einem Zustand am Unterrand des Leitungsbands heißt Elektronenaffinität χ_e

3.3 Dotierung

Dotieren eines Halbleiters bedeutet die Zugabe von Fremdatomen. Im einfachsten Fall ersetzen diese die Atome des Halbleiters auf deren Gitterplätzen. Abb.3.11 zeigt das schematisch für ein Gitter von 4-wertigen Atomen.

Donatoren heißen Fremdatome, die in der Regel ein Valenzelektron mehr haben, als auf dem Gitterplatz, den sie besetzen, für die chemische Bindung mit den Nachbaratomen gebraucht werden. Das für die Bindung nicht benötigte Elektron ist elektrisch durch Coulomb-Kräfte an sein Atom gebunden, als negative Ladung im Feld einer positiven Ladung. In erster Näherung erwarten wir für seine Bindungsenergie die des Elektrons im Wasserstoff-Atom, wobei wir statt der Masse die effektive Masse berücksichtigen.

$$\varepsilon_H = \frac{m_e^* e^4}{2(4\pi\,\varepsilon_0)^2\hbar^2} = 13.5\,eV\,\frac{m_e}{m_e^*} \tag{3.25}$$

Da sich aber der Donator nicht im Vakuum befindet, wird das das Elektron an den

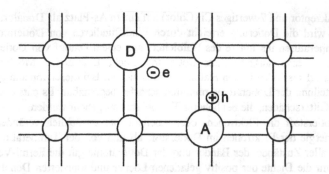

Abb. 3.11 Beim Dotieren werden Gitteratome durch Fremdatome höherer (D) oder niedrigerer (A) Wertigkeit ersetzt

Kern bindende elektrische Feld durch Polarisation der Nachbaratome geschwächt. Das ε_0^2 in der Bindungsenergie des Elektrons im H-Atom muss durch $(\varepsilon\varepsilon_0)^2$ ersetzt werden. In typischen Halbleitern wie Ge, Si, GaAs hat die Dielektrizitätsfunktion ε bei Frequenzen bis zu 10^{15} Hz Werte > 10, was zu einer drastischen Verminderung der Bindungsenergie auf < 0.1 eV führt. Aus dem gleichen Grund löst sich übrigens (die Bindung von) NaCl in H_2O.

Das an den Donator gebundene Elektron hat die Energie ε_D, die wegen der schwachen Bindung nur wenig kleiner ist als der Unterrand ε_C des Leitungsbands, die kleinste Energie der freien Elektronen. Donatoren geben ihr Elektron daher leicht ins Leitungsband ab, woher sie ihren Namen haben.

Akzeptoren sind Fremdatome, denen für die chemische Bindung mit den Nachbaratomen in der Regel ein Valenzelektron fehlt. Einem Elektron, das dieses Loch in der Bindung füllt, fehlt die Coulomb-Anziehung an das Fremdatom. Es ist deshalb schwächer gebunden als ein Elektron im Valenzband. Da die fehlende Coulomb-Bindung aber nur schwach ist, wie wir bei den Donatoren gesehen haben, ist die Energie eines Elektrons beim Akzeptor nur wenig größer als der Oberrand ε_V des Valenzbands. Akzeptoren nehmen daher leicht (mit geringem Energieaufwand) ein Elektron aus dem Valenzband auf, weswegen sie ihren Namen haben.

Im für das Valenzband einfacheren Löcherbild heißt das: Löcher sind an Akzeptoren nur schwach gebunden und werden leicht (mit geringem Energieaufwand) ans Valenzband abgegeben.

Für Gitter der 4-wertigen Ge und Si sind die 5-wertigen Atome P (Phosphor) oder As (Arsen) übliche Donatoren, die 3-wertigen B (Bor) oder In (Indium) Akzeptoren.

Für das Gitter des GaAs aus 3-wertigem Ga und 5-wertigem As ist 4-wertiges Si ein Donator, wenn es auf einem Ga-Platz eingebaut wird. Es ist aber ein Akzeptor, wenn es sich auf einem As-Platz befindet. Der unterschiedliche Einbau wird durch unterschiedliche Temperaturen bewirkt. Wichtiger ist 2-wertiges Zn (Zink) auf einem Ga-

Platz als Akzeptor und 7-wertiges Cl (Chlor) auf einem As-Platz als Donator. Technisch wird die Dotierung erreicht durch Eindiffundieren von Dotieratomen bei hohen Temperaturen ins Innere des Halbleiters aus einem Dampf von Dotieratomen, oder aus einer zuvor aufgebrachten Dotierstoffschicht. Eine andere Möglichkeit ist, den Dotierstoff als Ionen in den Halbleiter zu schießen. Bei dieser Ionenimplantation ist die Verteilung der Dotieratome räumlich schärfer begrenzbar. Es entstehen jedoch zusätzlich Gitterschäden, die bei höherer Temperatur ausgeheilt werden.

Ob ein Dotierstoff die Elektronen- oder Löcherdichte tatsächlich verändert, hängt von der Energie der Elektronen im Dotierstoff ab und von der Temperatur. Für die Besetzung aller Zustände, der Bänder und der Dotieratome gilt die Fermi-Verteilung. Sie bestimmt die Dichte der positiv geladenen Löcher und ionisierten Donatoren und der negativ geladenen Elektronen und ionisierten Akzeptoren. Auch ein dotierter Halbleiter ist elektrisch neutral. Deshalb ist die Ladungsdichte

$$\rho = e(n_h + n_D^+ - n_e - n_A^-) = 0 . \tag{3.26}$$

Darin sind n_e nach Gl.(3.12) und n_h nach Gl.(3.15) genauso Funktionen der Fermi-Energie ε_F wie

$$n_D^+ = n_D \left[1 - \frac{1}{\exp\left(\dfrac{\varepsilon_D - \varepsilon_F}{kT}\right) + 1} \right] \quad \text{und} \quad n_A^- = n_A \frac{1}{\exp\left(\dfrac{\varepsilon_A - \varepsilon_F}{kT}\right) + 1} .$$

Gl.(3.26) ist damit eine Bestimmungsgleichung für ε_F.

Bei ausschließlicher Dotierung mit flachen Donatoren, an die Elektronen nur schwach gebunden sind, liegt die Fermi-Energie ε_F bei Zimmertemperatur unterhalb von ε_D. Bei ausschließlicher Dotierung mit flachen Akzeptoren, an die Löcher nur schwach gebunden sind, liegt die Fermi-Energie ε_F bei Zimmertemperatur oberhalb von ε_A. Donatoren und Akzeptoren sind bei Zimmertemperatur fast vollständig ionisiert.

$$D \to D^+ + e \qquad\qquad A \to A^- + h$$
$$n_e \approx n_D \qquad\qquad\qquad n_h \approx n_A .$$

Durch Donatoren wird ein Halbleiter zum Elektronen- oder n-Leiter, durch Akzeptoren zum Löcher- oder p-Leiter.

Die folgende Tabelle gibt die Elektronen- und Löcherdichten und die Lage der Fermi-Energie im n- und p-Leiter an.

Die Fermi-Energie folgt aus

$$n_e = N_C \exp\left(-\frac{\varepsilon_C - \varepsilon_F}{kT}\right) \qquad \text{zu} \qquad \varepsilon_F = \varepsilon_C - kT \ln \frac{N_C}{n_e}$$

oder aus

$$n_h = N_V \exp\left(-\frac{\varepsilon_F - \varepsilon_V}{kT}\right) \qquad \text{zu} \qquad \varepsilon_F = \varepsilon_V + kT \ln\frac{N_V}{n_h}.$$

	n_e	n_h	ε_F
n-Leiter	$n_e \approx n_D$	$n_h = \dfrac{n_i^2}{n_e} = \dfrac{n_i^2}{n_D}$	$\varepsilon_C - kT \ln\dfrac{N_C}{n_D}$
p-Leiter	$n_e = \dfrac{n_i^2}{n_h} = \dfrac{n_i^2}{n_A}$	$n_h \approx n_A$	$\varepsilon_V + kT \ln\dfrac{N_V}{n_A}$

Typische Dotierkonzentrationen liegen im Bereich von $10^{15}/\text{cm}^3$ bis $10^{19}/\text{cm}^3$. Das ist wenig, gemessen an der Dichte der Gitteratome von $10^{23}/\text{cm}^3$. Durch diese geringe Beimischung wird die chemische Natur des Halbleiters nicht merklich geändert. Die Energien der Zustände von Elektronen und Löchern in den Bändern bleiben daher unbeeinflusst. Damit eine geringe Dotierung wirksam wird, muss der Halbleiter bis auf Konzentrationen, die klein gegen die Dotierkonzentrationen sind, gereinigt werden.

Werden in einen Halbleiter sowohl Donatoren wie Akzeptoren eingebaut, dann erhöht sich nicht etwa die Elektronen- und die Löcherkonzentration. Es gilt ja auch in dotierten Kristallen nach Gl.(3.17) $n_e\, n_h = n_i^2$. Die Elektronen, die die Donatoren abgeben, landen vielmehr in den Akzeptoren. (Alternativ kann man sagen: die Löcher, die die Akzeptoren abgeben, finden sich in den Donatoren.) Donatoren und Akzeptoren sind ionisiert, ohne dass freie Elektronen und freie Löcher vorhanden sind. Für die Erhöhung der Konzentration freier Ladungsträger wirkt sich bei flachen Störstellen nur die Differenz von Donator- und Akzeptorkonzentrationen aus. Intrinsische Konzentrationen von Elektronen und Löchern sind daher auch in dotierten Halbleitern zu erreichen, indem man die Konzentrationen von Donatoren und Akzeptoren gleich groß macht.

Donatoren haben die Eigenschaft, im mit einem Elektron besetzten Zustand neutral und im unbesetzten Zustand einfach positiv geladen zu sein. Akzeptoren sind dagegen im besetzten Zustand einfach negativ geladen und im unbesetzten Zustand neutral. Es gibt donatorartige Fremdatome mit Elektronenenergien, die nicht in der Nähe des Leitungsbandes liegen. Für die ist das Wasserstoffatom kein gutes Modell. Sie sind als Donatoren unwirksam, sondern im Gegenteil sogar schädlich. Liegen ihre Elektronenenergien in der Bandmitte, dann sind sie Rekombinationszentren, liegen sie in der Nähe des Valenzbands, dann entziehen sie als Löcherhaftstellen dem Valenzband Löcher. Ebenso wirken akzeptorartige Fremdatome mit Elektronenenergien in der Bandmitte als Rekombinationszentren und in der Nähe des Leitungsbands als

Elektronenhaftstellen. Für gute Solarzellen müssen besonders Fremdatome mit Elektronenenergien in der Bandmitte aus dem Halbleitermaterial beseitigt werden, wie in Abschnitt 3.6.2.2 gezeigt wird.

3.4 Quasi-Fermi-Verteilungen

Wir haben es in der Solarzelle mit Halbleitern zu tun, in denen durch Absorption von Photonen der Sonnenstrahlung zusätzlich Elektronen und Löcher erzeugt werden. Abb.3.2 zeigt diese Erzeugung schematisch. Die erzeugten Elektronen und Löcher haben, abhängig von der Energie der absorbierten Photonen, unmittelbar nach ihrer Erzeugung eine andere Energieverteilung in den Bändern als die im Dunkeln vorhandenen. Durch Stöße mit dem Gitter und dabei absorbierte und erzeugte Phononen ändert sich ihre Energieverteilung sehr schnell und erreicht nach etwa 100 Stößen in 10^{-12} s die Energieverteilung der Elektronen und Löcher im Dunkeln mit einer mittleren kinetischen Energie von $\varepsilon_{kin} = 3/2 \cdot kT$.
Nach dieser Thermalisierung leben die Ladungsträger noch ihre "Lebensdauer" lang, die groß ist gegen die Thermalisierungszeit in ihren Bändern, bevor sie durch Rekombination verschwinden. Für die Energieverteilung in den Bändern ist daher die Abweichung von der Gleichgewichtsverteilung während der Thermalisierung völlig vernachlässigbar. Das Gleichgewicht durch Stöße mit den Atomen führt genauso wie im Dunkeln unter Einhaltung des Pauliprinzips zu einem Minimum der freien Energie. Die Verteilung der Elektronen auf Zustände unterschiedlicher Energie ist also eine Fermi-Verteilung.
Bei Belichtung ist sowohl die Elektronendichte größer als im Dunkeln, $n_e > n_e^0$, als auch die Löcherdichte $n_h > n_h^0$. Dann ist auch $n_e n_h > n_i^2$, was durch Dotieren ja nicht erreichbar war. Die zur Beschreibung des belichteten Zustands gesuchte Fermi-Funktion muss als Temperatur die Gittertemperatur enthalten, weil nur das eine Verteilung mit ε_{kin} = 3/2 kT ergibt. Wegen der vergrößerten Elektronendichte muss die Fermi-Energie näher ans Leitungsband rücken, wegen der vergrößerten Löcherdichte aber näher ans Valenzband.
Die Lösung aus diesem Dilemma: Es gibt (prinzipiell) 2 Fermi-Verteilungen: Eine, f_C mit der Fermi-Energie $\varepsilon_{F,C}$, die für die Besetzung mit Elektronen im Energiebereich des Leitungsbands und der Donatoren gilt, eine andere, f_V mit der Fermi-Energie $\varepsilon_{F,V}$, die für die Besetzung mit Elektronen im Energiebereich des Valenzbands und der Akzeptoren gilt und also auch die Löcherdichte im Valenzband festlegt.

Die Dichte der Elektronen (im Leitungsband) ist

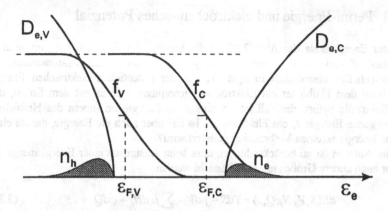

Abb. 3.12 Im belichteten Halbleiter wird die Besetzung von Leitungsband C und Valenzband V von verschiedenen Fermi-Verteilungen f_C und f_V geregelt.

$$n_e = N_C \exp\left(-\frac{\varepsilon_C - \varepsilon_{F,C}}{kT}\right) \quad (3.26)$$

und die der Löcher (im Valenzband) ist

$$n_h = N_V \exp\left(-\frac{\varepsilon_{F,V} - \varepsilon_V}{kT}\right). \quad (3.27)$$

Damit ist

$$n_e\, n_h = N_C\, N_V \exp\left(-\frac{\varepsilon_C - \varepsilon_V}{kT}\right)\exp\left(\frac{\varepsilon_{F,C} - \varepsilon_{F,V}}{kT}\right) \quad (3.28)$$

oder

$$n_e\, n_h = n_i^2 \exp\left(\frac{\varepsilon_{F,C} - \varepsilon_{F,V}}{kT}\right). \quad (3.29)$$

Die zwei Fermi-Verteilungen zeigt Abb.3.12. Man erkennt dort auch, dass besonders im Energiebereich zwischen $\varepsilon_{F,C}$ und $\varepsilon_{F,V}$ die Verteilungen einander widersprechen. Gälte f_C , müssten Zustände in diesem Bereich besetzt sein, gälte f_V , müssten sie unbesetzt sein. Tatsächlich gilt in diesem Bereich keine der beiden Verteilungen. Bei Belichtung wird die Besetzung dort durch die Kinetik, das bevorzugte Einfangen von Löchern oder Elektronen, geregelt. Wir kommen darauf in Abschnitt 3.6.2.2 zurück.

3.4.1 Fermi-Energie und elektrochemisches Potenzial

Auf der Energieskala der Abb. 3.10 ist die Energie der Elektronen ε_e unterteilt in potentielle Energie ε_C und kinetische Energie ε_{kin}, wobei ε_C sich zusammensetzt aus der potentiellen chemischen Energie $-\chi_e$ und der potentiellen elektrischen Energie $-e\,\varphi$. Wird dem Halbleiter ein Elektron weggenommen, wie es mit dem Strom, den eine Solarzelle liefert, der Fall ist, so nimmt die Energie im Innern des Halbleiters um die ganze Energie ε_e des Elektrons ab. Ist das aber auch die Energie, die als elektrische Energie an einen Verbraucher geliefert wird?

Bei der Antwort ist zu berücksichtigen, dass beim Austausch einer Energiemenge dE immer auch andere Größen mit ausgetauscht werden.

$$dE(S,V,N_i,Q,..) = TdS - pdV + \sum_i \mu_i dN_i + \varphi dQ + ... \qquad (3.30)$$

Es ist üblich, die ausgetauschte Energie nach der mit der Energie ausgetauschten Größe zu benennen. Wird nur Entropie S mit der Energie ausgetauscht, dann heißt die ausgetauschte Energie Wärme. $-pdV$ heißt Kompressionsenergie, $\mu_i dN_i$ heißt chemische Energie der Teilchensorte i, φdQ heißt elektrische Energie. Es gibt noch viele andere Energieformen, wie z.B. magnetische Energie, die für Solarzellen ohne Bedeutung sind. Diese Energieformen sind jeweils Produkte von „intensiven" Größen und von „extensiven", mengenartigen Größen. Zur Unterscheidung von beiden denken wir uns zwei identische Systeme, die wir zu einem neuen zusammenlegen. Bei dieser Addition der Systeme bleiben die intensiven Größen unverändert, während sich die Werte der extensiven Größen, wozu auch die Energie gehört, verdoppeln.

Die extensiven Größen, die Entropie S, das Volumen V, die Mengen N_i von verschiedenen Teilchensorten i, die Ladung Q und weitere, die für die Solarzellen ohne Belang sind, sind die Energieträger. Für sie gelten meist Erhaltungssätze. Für die Entropie gilt ein halber Erhaltungssatz. Sie kann nicht vernichtet, wohl aber erzeugt werden.

Die intensiven Größen, Temperatur T, Druck p, chemisches Potenzial μ_i der Teilchensorte i und elektrisches Potenzial φ legen als Beladungsmaß fest, welche Energiemenge mit den Energieträgern ausgetauscht wird. Die Gradienten der intensiven Größen treiben Ströme der zugehörigen Energieträger an. Da im Gleichgewicht einer intensiven Größe der Strom des zugehörigen Energieträgers verschwinden muss, hat die intensive Größe dann überall den gleichen Wert.

Wenn ein System bezüglich **einer** intensiven Größe im Gleichgewicht ist, muss es bezüglich anderer Größen nicht auch im Gleichgewicht sein. Das lässt sich am besten anhand von Abb.3.13 erklären. Sie zeigt zwei Behälter, die durch einen beweglichen, aber im Augenblick festgehaltenen Kolben getrennt sind. In den beiden Behältern befinden sich verschiedene Gase, in einem Wasserstoff, im anderen Sauerstoff, die deshalb verschiedene chemische Potenziale haben. Außerdem seien auch die

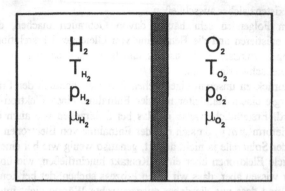

Abb. 3.13 In zwei durch einen Kolben getrennten Bereichen sind Wasserstoff H_2 und Sauerstoff O_2 bei verschiedenen Temperaturen T, Drücken p und chemischen Potenzialen μ.

Temperaturen und Drücke verschieden. Wegen der Temperaturdifferenz der Behälter fließt Entropie durch den noch festgehaltenen Kolben bis die Temperatur in beiden Behältern gleich ist. Jetzt herrscht Temperaturgleichgewicht, oft auch thermisches Gleichgewicht genannt. Druck und chemische Potenziale der Gase sind dagegen weiter nicht im Gleichgewicht. Lassen wir jetzt den Kolben sich bewegen, dann kommt er (eventuell nach einigen Schwingungen) an einer Stelle zur Ruhe, bei der der Druck in beiden Behältern gleich ist. Es besteht jetzt Temperatur- und Druckgleichgewicht. Chemisches Gleichgewicht mit Gleichheit der chemischen Potenziale von Wasserstoff und Sauerstoff in den beiden Behältern schließlich stellt sich ein, wenn durch ein Loch im Kolben der Austausch der Gasteilchen ermöglicht wird, bis schließlich in beiden Behältern jede Teilchensorte die gleiche Dichte oder Konzentration hat. Ein weiteres Gleichgewicht harrt noch seiner Einstellung, das mit einem kleinen Funken mit lautem Knall erreicht wird, nämlich das Gleichgewicht der chemischen Reaktion von Wasserstoff und Sauerstoff zu Wasser. Die besprochenen Gleichgewichte sind unabhängig voneinander. Unser Leben beruht darauf, dass nie alle Gleichgewichte eingestellt sind. Es ist deshalb sehr sinnvoll Gleichgewichte (und auch Ungleichgewichte) zu unterscheiden und auch getrennt zu benennen als Temperaturgleichgewicht, Druckgleichgewicht, chemische Gleichgewichte, usw..

Die Bezeichnung „thermodynamisches Gleichgewicht" klingt zwar bedeutender, ist aber sinnlos, weil über die Art des Gleichgewichts nichts ausgesagt wird. Außerdem legt sie den falschen Schluss nahe, dass "thermodynamisches Ungleichgewicht" herrsche und alle Gleichgewichtsrelationen ungültig seien, wenn auch nur eine von vielen intensiven Größen nicht im Gleichgewicht ist. Ein allgemeines thermodynamisches Gleichgewicht als ein Zustand, in dem alle denkbaren intensiven Größen im Gleichgewicht sind, existiert zum Glück in der realen Welt nicht, denn es würde

unsere eigene Existenz sicher ausschließen.
Wir werden im Folgenden sehr häufig davon Gebrauch machen, dass manche
Gleichgewichte existieren und die Benutzung von Gleichgewichtsrelationen wie z.B.
Fermi-Verteilungen zulassen und dass es daneben Ungleichgewichte gibt, für die
Aussagen sehr viel schwieriger sind.

Wir kommen zurück zu unserem eigentlichen Problem, nämlich der Frage, wie viel
elektrische Energie einem Halbleiter mit der Entnahme eines Elektron-Loch Paares
entnommen wird. Erstaunlicherweise ist das bei Solarzellen wie auch bei Batterien
nicht die Energieform $\varphi\,dQ$, da sich mit der Entnahme von Elektronen und Löchern
die Ladung Q der Solarzelle ja nicht ändert, genauso wenig wie bei einer Batterie, in
die genau so viele Elektronen über einen Kontakt hineinfließen, wie über den anderen heraus. Wir wissen aber, dass wir einen Prozess suchen, der bei konstanter Temperatur abläuft und dass uns die dabei ausgetauschte Wärme nicht interessiert. Die
Größe, bei deren Änderung der Austausch von Wärme unberücksichtigt bleibt, ist
die Freie Energie $F(T, V, N_i, Q,..) = E - TS$. Bei der Entnahme von dN_e Elektronen
ändert sich die Freie Energie der Elektronen um

$$dF_e(T,V,N_e,Q) = dE_e - d(TS_e) = -S_e dT - p_e dV + \mu_e dN_e + \varphi dQ \,.$$

Bei der Entnahme von dN_h Löchern ändert sich die freie Energie der Löcher um

$$dF_h(T,V,N_h,Q) = -S_h dT - p_h dV + \mu_h dN_h + \varphi dQ \,.$$

Die freie Energie ändert sich insgesamt um $dF = dF_e + dF_h$.
Auch, wenn der Solarzelle am Ende mit dem elektrischen Strom keine Ladung entnommen wird, müssen wir berücksichtigen, dass die Elektronen und Löcher geladene Teilchen sind, und daher mit Änderungen ihrer Menge auch Änderungen der Ladung fest gekoppelt sind.

$$dQ = z_i\, e\, dN_i \,,$$

wobei z = +1 für Löcher und z = –1 für Elektronen ist.

Damit wird $\mu_i\, dN_i + \varphi\, dQ = (\,\mu_i + z_i\, e\varphi\,)\, dN_i = \eta_i\, dN_i$.

Wegen dieser prinzipiellen Kopplung gibt es kein getrenntes chemisches und elektrisches Gleichgewicht der Elektronen und der Löcher, sondern nur ein gekoppeltes,
elektrochemisches Gleichgewicht. $\eta_e = \mu_e - e\varphi$ ist das elektrochemische Potenzial
der Elektronen. Es hat im elektrochemischen Gleichgewicht der Elektronen überall
den gleichen Wert. $\eta_h = \mu_h + e\varphi$ ist das elektrochemische Potenzial der Löcher. Es
hat im elektrochemischen Gleichgewicht der Löcher überall den gleichen Wert.
Im stationären Betrieb der Solarzelle sind die Temperatur T und das von den Elektronen und Löchern gefüllte Volumen V konstant. Mit dem elektrischen Strom wer-

den außerdem stets gleichviel Elektronen und Löcher entnommen, $dN_e = dN_h. = dN$. Als Änderung der freien Energie und damit als Energie, die eine Solarzelle an den Verbraucher mit dN Elektronen und Löchern liefert, ergibt sich

$$dF = dF_e + dF_h = (\eta_e + \eta_h)\, dN \tag{3.31}$$

Es bleibt jetzt noch die Aufgabe, die elektrochemischen Potenziale mit den schon bekannten Energien zu verknüpfen. Wir hatten in Gl.(3.20) als mittlere Energie der Elektronen den Wert $<\varepsilon_e> = \varepsilon_C + 3/2\ kT$ gefunden und für die Löcher entsprechend den Wert $<\varepsilon_h> = -\varepsilon_V + 3/2\ kT$. Diese Erwartungswerte der Energie pro Teilchen findet man auch, wenn man die Gesamtenergie der Teilchen einer Sorte durch die Teilchenzahl dividiert. Für die Elektronen ist die Gesamtenergie

$$E_e = TS_e - p_e V_e + \eta_e N_e$$

und die mittlere Energie pro Elektron

$$E_e\, /\, N_e = <\varepsilon_e> = T\sigma_e - \frac{p_e V_e}{N_e} + \eta_e = \varepsilon_C + 3/2\ kT. \tag{3.32}$$

Für die Löcher ist entsprechend

$$E_h\, /\, N_h = <\varepsilon_h> = T\sigma_h - \frac{p_h V_h}{N_h} + \eta_h = -\varepsilon_V + 3/2\ kT. \tag{3.33}$$

Die Größen σ_e und σ_h sind die Entropie pro Elektron und pro Loch. Da die Elektronen und Löcher ideale Gase sind, können wir dafür den von Sackur und Tetrode gefundenen Zusammenhang von σ mit der Teilchendichte n benutzen.[3]

$$\sigma = k\left\{ 5/2 + \ln\left[2\left(\frac{2\pi m kT}{h^2} \right)^{3/2} \Big/ n \right] \right\}. \tag{3.34}$$

Für Elektronen und Löcher im Halbleiter müssen wir für m deren effektive Masse m^* einsetzen und finden mit Gl.(3.13) für die Entropie pro Elektron bzw. pro Loch

$$\sigma_{e,h} = k\left(5/2 + \ln\frac{N_{C,V}}{n_{e,h}} \right). \tag{3.35}$$

---

[3] R. Becker, Theorie der Wärme, Springer-Verlag, Berlin 1966

Für ideale Gase mit der Teilchenzahl N gilt weiterhin die Zustandsgleichung

$$pV = N\,kT\;.$$ (3.36)

Mit Gl.(3.35) und Gl.(3.36) ergibt sich aus Gl.(3.32) für Elektronen

$$\varepsilon_e = \varepsilon_C + \frac{3}{2}kT = kT\left[\frac{5}{2} + \ln\left(\frac{N_C}{n_e}\right)\right] - kT + \eta_e$$

$$\varepsilon_C - \eta_e = kT\ln\left(\frac{N_C}{n_e}\right)$$

und daraus

$$n_e = N_C\exp\left[\frac{-(\varepsilon_C - \eta_e)}{kT}\right].$$ (3.37)

Das ist identisch mit Gl.(3.26), und wir identifizieren das elektrochemische Potenzial der Elektronen mit ihrer Fermi-Energie

$$\eta_e = \varepsilon_{F,C}\;.$$ (3.38)

Für die Löcher finden wir analog

$$-\varepsilon_V - \eta_h = kT\ln\left(\frac{N_V}{n_h}\right)$$ (3.39)

und

$$n_h = N_V\exp\left(\frac{\eta_h + \varepsilon_V}{kT}\right).$$ (3.40)

Der Vergleich mit Gl.(3.27) zeigt

$$\eta_h = -\varepsilon_{F,V}\;.$$ (3.41)

In Abb.3.14 sind diese Größen eingetragen.

Die mit der Entnahme von dN Elektronen und Löchern an einen Verbraucher gelieferte Freie Energie ist also

$$dF = dF_e + dF_h = (\eta_e + \eta_h)dN = (\varepsilon_{F,C} - \varepsilon_{F,V})dN\;.$$

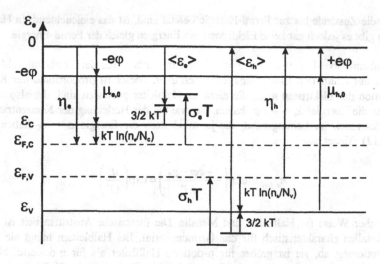

Abb. 3.14 Die Energieformen der Elektronen und Löcher

Dieses Ergebnis ist im Einklang mit der Erwartung, dass das Elektron-Loch-System eines Halbleiters, der im Dunkeln ist, also nur die 300 K Umgebungsstrahlung sieht und mit ihr im Gleichgewicht steht, keine elektrische Energie liefern kann, weil für diesen Zustand gilt $\varepsilon_{F,C} - \varepsilon_{F,V} = \eta_e + \eta_h = 0$. Bilden wir die Summe der elektrochemischen Energien eines Elektrons und eines Lochs am gleichen Ort x, wo sich Elektron und Loch im gleichen elektrischen Potenzial befinden, dann ist die elektrochemische Energie gleich der chemischen Energie

$$\eta_e(x) + \eta_h(x) = \mu_e(x) - e\varphi(x) + \mu_h(x) + e\varphi(x) = \mu_e(x) + \mu_h(x). \tag{3.42}$$

Das ist wichtig für die Umwandlung von Sonnenenergie in chemische Energie wie bei der Photosynthese. Diese Umwandlung geschieht in jedem belichteten Halbleiter ohne jede weitere Vorkehrung.

3.4.2 Austrittsarbeit

Der Betrag des chemischen Potenzials der Elektronen μ_e ist auch bekannt unter dem Namen Austrittsarbeit. Das ist die Energie, die aufgewendet werden muss, um ein Elektron aus einem Halbleiter oder Metall thermisch, also durch Glühemission, ins Vakuum anzuregen, wobei angenommen ist, dass es im gleichen elektrischen Potenzial bleibt, seine elektrische Energie $-e\varphi$ sich dabei nicht ändert. Für Metalle, in denen die Zustände bis zur Fermi-Energie besetzt sind, ist das einleuchtend. In Halbleitern gibt es jedoch gar keine Elektronen mit Energien gleich der Fermi-Energie.

In Glühemissions-Experimenten wird die Austrittsarbeit aus der Temperaturabhängigkeit des emittierten Elektronenstroms bestimmt. Dieser ist proportional der Konzentration der Elektronen $n_{e,frei}$, die nicht im Halbleiter gebunden sind, die also mindestens die Energie $\varepsilon_e = -e\varphi$ haben. So wie bei der Herleitung der Konzentration der Elektronen im Leitungsband, die ja mindestens die Energie $\varepsilon_e = \varepsilon_C$ haben, in Gl.(3.12), findet man

$$n_{e,frei} \propto \exp\left(-\frac{-e\varphi - \varepsilon_F}{kT}\right) = \exp\left(\frac{\mu_e}{kT}\right)$$

in gleicher Weise für Halbleiter und Metalle. Die thermische Austrittsarbeit ist nur bei Metallen charakteristisch für das Grundmaterial. Bei Halbleitern hängt sie von der Dotierung ab, sie ist größer für p-dotierte Halbleiter als für n-dotierte. Nach Abb.3.14 kann man das chemische Potenzial μ_e der Elektronen im Halbleiter zerlegen in einen konzentrationsunabhängigen Anteil $\mu_{e,0}$, der von der chemischen Umgebung der Elektronen, also vom Grundmaterial, bestimmt wird und in einen konzentrationsabhängigen Anteil

$$\mu_e = \mu_{e,0} + kT\ln\left(\frac{n_e}{N_C}\right) . \tag{3.43}$$

Als charakteristische Größe für das Grundmaterial benutzt man den konzentrationsunabhängigen Anteil des chemischen Potenzials der Elektronen $\mu_{e,0}$ oder dessen Betrag, die Elektronenaffinität χ_e, mit der die Austrittsarbeit bei bekannter Dotierung aus Gl.(3.43) berechnet wird.
Austrittsarbeiten können auch aus der Photoemission gewonnen werden als die kleinste Photonenenergie, bei der Emission von Elektronen ins Vakuum beobachtet wird. Bei Metallen ergibt sich kein großer Unterschied zu thermisch gemessenen Austrittsarbeiten, bei Halbleitern misst man damit jedoch nicht die Austrittsarbeit, sondern die Energie des Übergangs von der Oberkante des Valenzbands ins Vakuum. Übergänge vom Leitungsband ins Vakuum sind wegen der viel kleineren Elektronendichte des Leitungsbands meist nicht beobachtbar.

3.5 Erzeugung von Elektronen und Löchern

Elektronen und Löcher werden erzeugt durch Prozesse, die die Erzeugungsenergie von wenigstens ε_G aufbringen. Dazu gehört die Stoßionisation, bei der ein Elektron (oder Loch) mit großer kinetischer Energie ein anderes Elektron aus seiner Bindung schlägt und dabei kinetische Energie verliert. Der gleiche Prozess einer Anregung eines Elektrons aus dem Valenzband ins Leitungsband findet statt mit einer Gitterschwingung als Energielieferant oder durch die Absorption von Photonen. Bei Anwesenheit von Störstellen, die Zustände mit Energien in der verbotenen Zone haben, kann über diese Zwischenzustände die Anregung in mehreren Schritten erfolgen und die Erzeugungsenergie ε_G in kleinen Portionen aufgebracht werden.

3.5.1 Absorption von Photonen

Für die Solarzellen ist die Erzeugung von Elektronen und Löchern durch Absorption von Photonen natürlich der wichtigste Prozess. Unser Ziel ist, die Wahrscheinlichkeit für die Absorption eines Photons als Funktion seiner Energie zu bestimmen. Die Wahrscheinlichkeit für die Absorption eines Photons der Energie $\hbar\omega$ wird durch die Absorptionskonstante $\alpha(\hbar\omega)$ als Materialeigenschaft festgelegt. Da die Absorption bedingt, dass ein Elektron-Loch Paar erzeugt wird, ist $\alpha(\hbar\omega)$ proportional zur Dichte von Elektron- und Lochzuständen, deren Besetzung unter Beachtung von Impuls- und Energieerhaltung bei der Absorption gleichzeitig geändert werden kann.

Direkte Übergänge

Direkte Übergänge waren definiert als solche, bei denen sich der Impuls des Elektron-Loch-Systems nicht ändert. Damit ist die Impulsbilanz mit der ausschließlichen Reaktion mit Photonen verträglich, da deren Impuls vernachlässigbar klein ist, weil in $p_\gamma = \hbar\omega/c$ die Lichtgeschwindigkeit so groß ist.

$$p_\gamma = p_e + p_h \approx 0, \qquad \text{und damit} \qquad p_e = -p_h \,.$$

Die Energieerhaltung

$$\hbar\omega = \varepsilon_e + \varepsilon_h \quad \text{zusammen mit} \quad \varepsilon_e = \varepsilon_C + \frac{p_e^2}{2m_e^*} \quad \text{und} \quad \varepsilon_h = -\varepsilon_V + \frac{p_h^2}{2m_h^*}$$

ergibt

$$\hbar\omega=\varepsilon_C-\varepsilon_V+\frac{p_e^2}{2m_e^*}+\frac{p_h^2}{2m_h^*}.$$

Mit $p_e^2=p_h^2=p^2$ folgt

$$\hbar\omega=\varepsilon_G+\frac{p^2}{2}\left(\frac{1}{m_e^*}+\frac{1}{m_h^*}\right)=\varepsilon_G+\frac{p^2}{2m_{komb}}. \tag{3.44}$$

Darin ist $m_{komb}=\dfrac{m_e^*\,m_h^*}{m_e^*+m_h^*}$ die sogenannte kombinierte Masse.

Die Energie $\hbar\omega$ für den direkten Übergang hängt in Gl.(3.44) in sehr ähnlicher Weise mit dem Impuls zusammen wie die Energie ε_e der Elektronen im Leitungsband in Gl.(3.4).

Die Wahrscheinlichkeit für die Absorption eines Photons mit der Energie $\hbar\omega$ ist proportional zur Dichte der Zustände von Valenz- und Leitungsband, die beim gleichen Impuls um diese Energie auseinander liegen. So, wie aus Gl.(3.4) wegen der Quantisierung des Impulses die Zustandsdichte für die Elektronen folgt, finden wir aus Gl.(3.44) aus dem gleichen Grund die sogenannte kombinierte Zustandsdichte

$$D_{komb}\left(\hbar\omega\right)=\frac{4\pi}{h^3}\left(2m_{komb}\right)^{3/2}\left(\hbar\omega-\varepsilon_G\right)^{1/2}. \tag{3.45}$$

Die Wahrscheinlichkeit der Absorption eines Photons wird mit der Absorptionskonstanten α pro Weg des Photons angegeben. Die Lichtintensität I_E fällt exponentiell mit dem zurückgelegten Weg ab

$$I_E(x)=I_E(0)\exp(-\alpha x).$$

Für Halbleiter wie GaAs, in denen direkte Übergänge fast ohne Änderung des Impulses zwischen der Oberkante des Valenzbands ε_V und der Unterkante des Leitungsbands ε_C möglich sind, ist $\alpha\propto D_{komb}(\hbar\omega)$. Abb.3.15 zeigt die Absorptionskonstante α von GaAs.

Für $\hbar\omega<\varepsilon_G$ gilt $\alpha=0$. Photonen dieser Energie werden reflektiert oder transmittiert. Für $\hbar\omega>\varepsilon_G$ steigt $\alpha\propto(\hbar\omega-\varepsilon_G)^{1/2}$ entsprechend den theoretischen Erwartungen steil an zu Werten von 10^4/cm - 10^5/cm. In Abb.3.15 ist nur der steile Anstieg zu sehen. Der weitere wurzelförmige Verlauf mit großen Werten der Absorptionskonstanten fehlt in der Abbildung. Er ist messtechnisch schwer zu erfassen, da für Transmissionsmessungen dann sehr dünne Kristalle benötigt werden. An der Absorptionskante, bei $\hbar\omega=\varepsilon_G$ wird der wurzelförmige Anstieg von einem exponentiellen Anstieg überlagert, dem sogenannten Urbach-Ausläufer, der von statistischen Schwankungen des Bandabstands herrührt, die von Gitterschwingungen verursacht werden. Da bei $x = 1/\alpha$ die Intensität um den Faktor e abgeschwächt ist, wird $L_\gamma = 1/\alpha$ als Eindringtiefe bezeichnet. Wegen der großen Absorptionskonstanten bzw. der kleinen Eindringtiefe der Photonen muss GaAs nicht dicker sein als einige µm, um den von ihm absorbierbaren Teil des Sonnenspektrums zu absorbieren. Das gleiche gilt für alle anderen "direkten" Halbleiter, von denen dünne Schichten zur Absorption ausreichen.

Indirekte Übergänge

Ein Übergang zwischen dem Maximum des Valenzbands ε_V und dem Minimum des Leitungsbands ε_C ist in einem indirekten Halbleiter durch Absorption eines Photons allein nicht möglich, dazu ist der Impuls des Photons $p_\gamma = \hbar\omega/c$ zu klein. Die Impulsbilanz wird durch die Beteiligung eines weiteren "Teilchens", einer Gitterschwingung oder eines Phonons erfüllt. Phononen haben wegen der großen Masse der Atome bei kleinen Energien $\hbar\Omega$ große Impulse p_Γ.

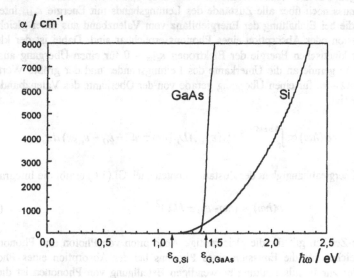

Abb. 3.15 Absorptionskonstanten α des "direkten" Halbleiters Galliumarsenid und des "indirekten" Halbleiters Silizium

Bei der Absorption des Photons γ kann ein Phonon Γ absorbiert werden,

$$\gamma + \Gamma \rightarrow e + h$$

$$p_\gamma + p_\Gamma = p_e + p_h$$

$$\hbar\omega + \hbar\Omega = \varepsilon_e + \varepsilon_h, \qquad\qquad (3.46)$$

es kann aber auch ein Phonon erzeugt werden

$$\gamma \rightarrow e + h + \Gamma$$

$$p_\gamma = p_e + p_h + p_\Gamma$$

$$\hbar\omega = \varepsilon_e + \varepsilon_h + \hbar\Omega. \qquad\qquad (3.47)$$

Durch die Beteiligung der Phononen ist es möglich, von jedem Zustand des Valenzbands zu jedem Zustand des Leitungsbands mit Photonen Übergänge zu bewerkstelligen, für die die Energiebilanz erfüllt ist. Die Übergangswahrscheinlichkeit ist also für jeden Zustand des Leitungsbands proportional zur Zahl aller Zustände des Valenzbands, die um die Photonenenergie $\hbar\omega$ plus oder minus die Phononenenergie $\hbar\Omega$ tiefer liegen. Für die Wahrscheinlichkeit der Absorption eines Photons mit der Energie $\hbar\omega$ muss noch über alle Zustände des Leitungsbands mit Energie $\varepsilon_{e,kin}$ integriert werden, die bei Einhaltung der Energiebilanz vom Valenzband aus unter gleichzeitiger Emission oder Absorption eines Phonons erreichbar sind. Dabei ist der kleinste Wert der kinetischen Energie der Elektronen $\varepsilon_{e,kin} = 0$ für einen Übergang aus dem Valenzband gerade an die Unterkante des Leitungsbandes und der größte Wert $\varepsilon_{e,kin} = \hbar\omega \pm \hbar\Omega - \varepsilon_G$ für einen Übergang gerade von der Oberkante des Valenzbandes ins Leitungsband.

$$\alpha(\hbar\omega) \propto \int_0^{\hbar\omega \pm \hbar\Omega - \varepsilon_G} D_C(\varepsilon_{e,kin}) D_V(\hbar\omega \pm \hbar\Omega - \varepsilon_G - \varepsilon_{e,kin}) \, d\varepsilon_{e,kin}$$

Mit der Energieabhängigkeit der Zustandsdichten nach Gl.(3.6) ergibt die Integration

$$\alpha(\hbar\omega) \propto (\hbar\omega - \varepsilon_G \pm \hbar\Omega)^2. \qquad\qquad (3.48)$$

Das Plus-Zeichen gilt für die gleichzeitige Absorption von Photon und Phonon, das Minus-Zeichen für die Emission eines Phonons bei der Absorption eines Photons. Wegen der zur Impulserhaltung notwendigen Beteiligung von Phononen ist die Absorptionskonstante von "indirekten" Halbleitern klein, ihre Abhängigkeit von der Photonenenergie ist für Silizium, einen typischen indirekten Halbleiter, ebenfalls in Abb.3.15 gezeigt. Absorption und Emission von Phononen sind in dieser Darstellung

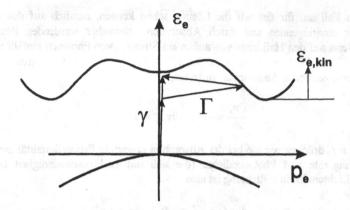

Abb. 3.16 Energie ε_e von Elektronen-Zuständen in Leitungs- und Valenzband, zwischen denen Übergänge durch Absorption eines Photons γ und gleichzeitige Absorption oder Emission eines Phonons Γ möglich sind

nicht zu unterscheiden.

Wegen des kleinen Werts von α ist die Eindringtiefe der Photonen in einen indirekten Halbleiter groß. Zur Absorption der absorbierbaren Photonen des Sonnenspektrums, also solcher mit $\hbar\omega > \varepsilon_G$, muss der Halbleiter in der Geometrie einer planparallelen Platte einige hundert μm dick sein. Neben Silizium ist Germanium ein indirekter Halbleiter.

3.5.2 Generation von Elektron-Loch-Paaren

Eine wichtige Gleichung für die folgenden Überlegungen ist die Kontinuitätsgleichung. In allgemeiner Form für eine mengenartige Größe i, z.B. eine Teilchensorte, heißt sie

$$\frac{\partial n_i(x)}{\partial t} = G_i(x) - R_i(x) - \operatorname{div} j_i(x). \qquad (3.49)$$

Sie bedeutet, dass die Dichte n_i von Teilchen der Sorte i in einem Volumenelement am Ort x anwächst, wenn diese Teilchen dort mit der Generationsrate G_i erzeugt werden; dass n_i abnimmt, wenn Teilchen am Ort x mit der Vernichtungsrate R_i vernichtet werden, oder dadurch aus dem Volumenelement am Ort x verschwinden, dass der nach rechts (zu großen x) wegfließende Teilchenstrom größer ist als der von links (von kleinen x) heranfließende (div $j_i > 0$).

Um uns an den Umgang mit der Kontinuitätsgleichung zu gewöhnen, wenden wir sie auf einen Fall an, für den wir die Lösung schon kennen, nämlich auf den in den Halbleiter eindringenden und durch Absorption schwächer werdenden Photonenstrom. Wenn auf den Halbleiter von außen ein Strom j_γ von Photonen einfällt und im Halbleiter keine Photonen erzeugt werden ($G_\gamma = 0$), dann ist im stationären Zustand, in dem keine zeitlichen Änderungen auftreten,

$$\frac{\partial n_\gamma}{\partial t} = -R_\gamma - \mathrm{div}\, j_\gamma = 0 \,.$$

Mit $R_\gamma = \alpha\, j_\gamma$ drücken wir die bei der Absorption erwartete Proportionalität zwischen Vernichtungsrate und Photonendichte (die sich mit Lichtgeschwindigkeit bewegt) aus. Für Lichteinfall in x-Richtung ist also

$$\mathrm{div}\, j_\gamma = \frac{dj_\gamma}{dx} = -R_\gamma = -\alpha\, j_\gamma\,.$$

Durch Integration finden wir $j_\gamma(x) = j_\gamma(0)\exp(-\alpha x)\,,$

das Absorptionsgesetz, das wir schon kennen. Darin ist $j_\gamma(0)$ der in die Halbleiteroberfläche eindringende Photonenstrom. Er ist um den reflektierten Anteil kleiner als der einfallende Photonenstrom $j_{\gamma,einf}$

$$j_\gamma(0) = (1-r)\, j_{\gamma,einf}\,.$$

Mit dem Transmissionsgrad eines Körpers der Dicke d

$$t = (1-r)\exp(-\alpha d)$$

ergibt sich der insgesamt absorbierte Photonenstrom zu

$$j_{\gamma,abs} = (1-r-t)j_{\gamma,einf} = (1-r)[1-\exp(-\alpha d)]\, j_{\gamma,einf} = a\, j_{\gamma,einf}\,.$$

Der so definierte Absorptionsgrad $a = (1-r)\,[1-\exp(-\alpha d)]$ gilt für eine planparallele Platte der Dicke d bei Vernachlässigung von Vielfachreflexion.
Da pro absorbiertes (vernichtetes) Photon sowohl ein Loch als auch ein Elektron erzeugt wird, gilt für deren Generationsrate

$$G_h = G_e = R_\gamma = \alpha\, j_\gamma(x)\,.$$

Dabei ist angenommen, dass ein absorbiertes Photon jeweils nur ein Elektron und ein Loch erzeugt. Ist die Photonenenergie $\hbar\omega$ aber mindestens doppelt so groß wie der Bandabstand ε_G, dann kann einer der beiden Ladungsträger eine kinetische Energie $\varepsilon_{kin} \geq \varepsilon_G$ haben. Dieser Ladungsträger, Elektron oder Loch, ist in der Lage, durch

Stoßionisation ein Elektron aus seiner chemischen Bindung herauszuschlagen und damit ein weiteres Elektron-Loch-Paar zu erzeugen. Dieser prinzipiell mögliche Prozess setzt eine Bandstruktur des Halbleiters voraus, die die Erhaltung von Energie und Impuls gewährleistet. In realen Solarzellen kommt er nur mit sehr geringer Wahrscheinlichkeit vor und nur bei Photonenenergien, bei denen die Sonne kaum noch Photonen liefert.

Als Beispiel für die Erzeugung von einem Elektron-Loch Paar pro absorbiertes Photon berechnen wir die Generationsrate von Elektronen und Löchern durch Absorption von Photonen der uns im Dunkeln umgebenden schwarzen 300 K Strahlung und kennzeichnen diese als Gleichgewichtsraten mit einer hochgestellten 0. Dabei muss berücksichtigt werden, dass die Photonen unterschiedliche Energien haben und die Absorptionskonstante α von der Photonenenergie $\hbar\omega$ abhängt.

$$G_e^0 = G_h^0 = R_\gamma^0 = \int_0^\infty \alpha(\hbar\omega) \, dj_\gamma(\hbar\omega)$$

$$G_e^0 = G_h^0 = \frac{\Omega}{4\pi^3 \hbar^3 c^2} \int_0^\infty \frac{\alpha(\hbar\omega)(\hbar\omega)^2}{\exp\left(\dfrac{\hbar\omega}{kT_0}\right) - 1} \, d\hbar\omega. \tag{3.50}$$

Darin ist c die Ausbreitungsgeschwindigkeit im Medium, die um den Brechungsindex n kleiner ist als im Vakuum. Dadurch ist die Photonenstromdichte pro Raumwinkel und damit die Absorptionsrate von Photonen proportional zu n^2. Da die Photonenstromdichte beim Übergang vom Vakuum in ein Medium außer durch Reflexion nicht weiter geändert wird, muss bei größerer Photonenstromdichte pro Raumwinkel im Medium der Raumwinkelbereich, in den Photonen von außen fließen, um den Faktor n^2 kleiner sein als der Raumwinkelbereich Ω_{Vakuum} im Vakuum, aus dem sie kommen. Dem trägt das Snell'sche Brechungsgesetz Rechnung, nach dem sich die Photonen im Medium in einem kleineren Winkel zum Lot auf die Oberfläche ausbreiten als im Vakuum wie in Abb.3.17 dargestellt.

Betrachten wir den Halbleiter im thermischen und chemischen Gleichgewicht mit der Umgebung, also im Dunkeln und ohne, dass ein Strom durch ihn fließt, dann müssen an jedem Ort und in jedem Raumwinkelelement genau so viele Photonen erzeugt werden wie absorbiert werden. Da die Photonenemission im allgemeinen isotrop ist, ist die Strahlung dann auch im Medium isotrop mit $\Omega = 4\pi$. Die Strahlung ist übrigens in diesem Gleichgewichtszustand im Halbleiter auch homogen, also $j_\gamma^0 \neq j_\gamma^0(x)$. Nun sind, wie wir gerade gesehen haben, gewisse Raumwinkelbereiche für Photonen von außen gar nicht zugänglich. Nach dem Prinzip des detaillierten Gleichgewichts dürfen die im Medium in diese Raumwinkelbereiche emittierten Photonen das Medium nicht verlassen können. Sie werden folglich total-reflektiert.

Für die Elektronen und Löcher ist die Definition einer Dichte pro Volumen und

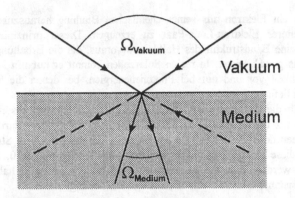

Abb. 3.17 Photonen füllen nach der Brechung an der Grenzfläche zwischen zwei Medien im Medium mit dem größeren Brechungsindex den kleineren Raumwinkel. Photonen, deren Impuls in von außen unzugänglichen Raumwinkelbereichen des Mediums liegt, werden total-reflektiert (gestrichelter Lichtweg).

Raumwinkel nicht sinnvoll, da sie nach wenigen Stößen mit Phononen, also in weniger als 10^{-13} s eine isotrope Impulsverteilung erreicht haben, die den Raumwinkel Ω = 4π gleichmäßig besetzt.

Neben der Erzeugung von Elektron-Loch-Paaren durch Absorption von Photonen gibt es auch eine Erzeugung durch strahlungslose Übergänge aus dem Valenz- ins Leitungsband, bei denen meist Störstellen beteiligt sind. Im thermischen und chemischen Gleichgewicht mit der Umgebung gilt auch dafür, dass sich die Generationsraten und die Rekombinationsraten kompensieren müssen. Wir können hier wenig über die strahlungslose Generation sagen und kommen auf diesen Punkt im nächsten Abschnitt zurück, wenn die strahlungslose Rekombination behandelt ist.

3.6 Rekombination von Elektronen und Löchern

Die im vorigen Abschnitt 3.5 erwähnten verschiedenen Prozesse der Erzeugung von Elektronen und Löchern existieren auch immer in ihrer Umkehrung, in der Elektronen und Löcher in einer als Rekombination bezeichneten Reaktion vernichtet werden. Mit der dabei frei werdenden Energie werden Photonen oder Phononen, oder beide gleichzeitig, erzeugt. Im thermischen und chemischen Gleichgewicht mit der Umgebungsstrahlung, in dem $n_e^0 n_h^0 = n_i^2$ ist, gleichen sich für jeden der verschiedenen Mechanismen die Erzeugungs- und Vernichtungsraten exakt aus. Das wird als Prinzip des detaillierten Gleichgewichts bezeichnet.

3.6.1 Strahlende Rekombination, Emission von Photonen

Die strahlende Rekombination, bei der ein Loch mit einem Elektron reagiert und ein Photon erzeugt wird, ist die genaue Umkehrung der Absorption. (Im reinen Elektronenbild ist es der spontane Übergang eines Elektrons vom Leitungsband in einen unbesetzten Zustand des Valenzbands).

$$e + h \rightarrow \gamma$$

Dieser Prozess ist umso häufiger, je mehr Elektronen und Löcher es gibt. Also gilt

$$G_\gamma = R_e = R_h = B \cdot n_e \cdot n_h . \qquad (3.51)$$

Darin ist B eine noch zu bestimmende Konstante.

Im Gleichgewicht mit der Umgebungsstrahlung, in dem $n_e n_h = n_e^0 n_h^0 = n_i^2$ gilt, ist

$$G_\gamma^0 = R_e^0 = R_h^0 = R_\gamma^0 = G_e^0 = G_h^0 = B n_e^0 n_h^0 . \qquad (3.52)$$

Aus dieser Gleichung folgt unmittelbar, dass das Produkt $n_e^0 n_h^0$ nicht von der Dotierung abhängt und also gleich einer Konstanten n_i^2 ist, solange die Absorptionskonstante und damit die Absorptionsrate R_γ^0 von Photonen nicht von der Dotierung abhängen. Einen deutlichen Einfluss auf die Absorption würden Dotierungen erst nehmen, wenn ihre Dichte in die Nähe der Dichte der Gitteratome kommt.

Die Gleichheit von G_γ^0 und R_γ^0, die im Gleichgewicht nicht nur integral über das Spektrum, sondern auch in jedem Photonenenergieintervall $d\hbar\omega$ gilt, ist Ausdruck des Kirchhoffschen Strahlungsgesetzes. Mikroskopisch bedeutet das, dass im thermischen und chemischen Gleichgewicht mit der Umgebungsstrahlung die Raten aller Generationsprozesse einzeln durch gleich große Raten von Rekombinationsprozessen zwischen den gleichen Anfangs- und Endzuständen kompensiert werden. Das ist das Prinzip des detaillierten Gleichgewichts (englisch: detailed balance). Für die Berechnung von G_γ^0 übernehmen wir darum den Ausdruck für G_e^0 in Gl.(3.50)

$$G_\gamma^0 = \frac{\Omega}{4\pi^3 \hbar^3 c^2} \int_0^\infty \frac{\alpha(\hbar\omega)(\hbar\omega)^2}{\exp\left(\dfrac{\hbar\omega}{kT_0}\right) - 1} \, d\hbar\omega . \qquad (3.53)$$

Mit Kenntnis der Absorptionskonstanten $\alpha(\hbar\omega)$, die aus Absorptionsmessungen bestimmt wird, und von n_i kann die Konstante B der strahlenden Rekombination in Gl.(3.51) berechnet werden.

Die Rate, mit der Photonen in Silizium im Gleichgewicht mit der schwarzen 300 K Umgebungsstrahlung pro Volumen erzeugt werden, ist

$$G_\gamma^0(Si) = 3 \cdot 10^5 \, \frac{\gamma}{cm^3 \, s} = B \, n_i^2 .$$

Für Silizium ist $n_i = 10^{10}/cm^3$ und damit ist

$$B(Si) = 3 \cdot 10^{-15} \, \frac{\gamma \, cm^3}{s} .$$

Im Zustand des Nichtgleichgewichts zwischen den Elektronen und Löchern im Halbleiter und den Photonen der 300 K Umgebungsstrahlung wegen der Bestrahlung mit der Sonne oder durch Injektion oder Extraktion mit einem elektrischen Strom ist $n_e n_h \neq n_i^2$. Bei der Extraktion ohne zusätzliche Erzeugung ist sogar $n_e n_h < n_i^2$. Die Verteilung der Elektronen und Löcher auf die Zustände ist aber immer noch durch Fermi-Verteilungen mit der Gittertemperatur bestimmt mit einer mittleren kinetischen Energie von $\langle \varepsilon_{kin} \rangle = 3/2 \, kT$. Im Zustand des Nichtgleichgewichts mit der 300K Umgebungsstrahlung werden deshalb Photonen mit der gleichen Energieverteilung emittiert wie ohne zusätzliche Belichtung, aber mit der veränderten Rate

$$G_\gamma = G_\gamma^0 \cdot \frac{n_e n_h}{n_i^2} . \tag{3.54}$$

Mit Hilfe der Quasi-Fermi-Energien in Gl.(3.29) können wir dafür schreiben

$$G_\gamma = G_\gamma^0 \exp\left(\frac{\varepsilon_{F,C} - \varepsilon_{F,V}}{kT} \right) . \tag{3.55}$$

Da die Emissionsrate sich bei Sonnenbestrahlung proportional zu $n_e \cdot n_h$ erhöht, und die dabei durch Rekombination vernichteten Elektron-Loch Paare für den elektrischen Strom, den eine Solarzelle liefern soll, verloren sind, interessiert uns, wie groß der von einem Halbleiter der Dicke d insgesamt emittierte Photonenstrom ist.

Obwohl es für die Anwendung der Kontinuitätsgleichung eine gute Übung wäre, ist die Integration der Emissions- und Absorptionsrate der Photonen über das Volumen des Halbleiters und die Berücksichtigung der Totalreflexion an der Grenzfläche ein eher verwirrender Rechengang. Wir machen uns statt dessen wieder das Prinzip des detaillierten Gleichgewichts zunutze, um mit dem emittierten Photonenstrom den Gesamtverlust einer Zelle an Elektron-Loch-Paaren durch strahlende Rekombination zu bestimmen.

Im thermischen und chemischen Gleichgewicht mit der Umgebungsstrahlung muss von der Oberfläche eines Körpers ein gleich großer Photonenstrom $dj_\gamma^0(\hbar\omega)$ in die Umgebung gehen, wie aus der Umgebung auf die Oberfläche einfällt. Der einfallende Photonenstrom wird teilweise reflektiert, transmittiert und absorbiert. Der von der Oberfläche des Halbleiters ins angrenzende Medium ausgehende Photonenstrom besteht entsprechend aus einem reflektierten, transmittierten und emittierten Teil. Im

Gleichgewicht mit der Umgebungsstrahlung ist der emittierte Photonenstrom gleich dem absorbierten Photonenstrom $dj_{\gamma,em} = a(\hbar\omega)\ dj_\gamma^0$. Im Nichtgleichgewicht ist der emittierte Photonenstrom entsprechend der um den Faktor $n_e n_h/n_i^2$ vergrößerten Emissionsrate in Gl.(3.54) vergrößert

$$dj_{\gamma,em}(\hbar\omega) = a(\hbar\omega)\frac{n_e n_h}{n_i^2}dj_\gamma^0(\hbar\omega)\ . \qquad (3.56)$$

Darin ist $a(\hbar\omega)$ der Absorptionsgrad, der ohne Berücksichtigung von Vielfachreflexion $a(\hbar\omega) = [1-r(\hbar\omega)]\{1-\exp[-\alpha(\hbar\omega)d]\}$ ist. Der Absorptionsgrad ist immer ≤ 1 und wird für Dicken $d \gg 1/\alpha$ unabhängig von der Dicke. Damit erreicht auch die emittierte Photonenstromdichte bei großen Dicken einen Grenzwert, der nicht mehr von der Dicke abhängt. Zwar nimmt die über das Volumen integrierte Rate der strahlenden Rekombination linear mit dem Volumen zu, bei großer Dicke werden aber die meisten dabei erzeugten Photonen wieder absorbiert und erzeugen wieder Elektron-Loch Paare.

Drückt man Gl.(3.56) durch die Quasi-Fermi-Energien aus, dann wird daraus

$$dj_{\gamma,em} = a(\hbar\omega)\exp\left[(\varepsilon_{F,C}-\varepsilon_{F,V})/kT\right]\frac{\Omega}{4\pi^3\hbar^3 c^2}\frac{(\hbar\omega)^2}{\exp(\hbar\omega/kT)-1}d\hbar\omega \qquad (3.57)$$

In dieses Ergebnis geht der nur näherungsweise gültige Zusammenhang zwischen den Ladungsträgerkonzentrationen und der Lage der Fermi-Energien in (3.12) und (3.15) ein. Die Fermi-Energien mussten einige kT von den Bandrändern entfernt sein, um diesen Zusammenhang analytisch in Abschnitt 3.1.2 angeben zu können. Gl.(3.57) ist daher nur näherungsweise gültig. Es ist interessant, dass die Einschränkung, die für die Bestimmung der Einzelkonzentrationen gemacht werden musste, für das Produkt der Konzentrationen nicht notwendig ist. Statt Gl.(3.57) findet man als exaktes Resultat[4]

$$dj_{\gamma,em} = a(\hbar\omega)\frac{\Omega}{4\pi^3\hbar^3 c^2}\frac{(\hbar\omega)^2}{\exp\left\{\dfrac{\hbar\omega-(\varepsilon_{F,C}-\varepsilon_{F,V})}{kT}\right\}-1}d\hbar\omega\ . \qquad (3.58)$$

In dieser Form beschreibt es als verallgemeinertes Plancksches Strahlungsgesetz sowohl die Emission von thermischer Strahlung, wenn $(\varepsilon_{F,C} - \varepsilon_{F,V}) = 0$ ist, als auch die Emission von Lumineszenzstrahlung, wenn $(\varepsilon_{F,C} - \varepsilon_{F,V}) \ne 0$ ist. Die Differenz der Fermi-Energien $(\varepsilon_{F,C} - \varepsilon_{F,V})$ stellt sich als das chemische Potenzial μ_γ der emittierten Photonen heraus. Bei der Anwendung auf Solarzellen, bei deren Betrieb $(\varepsilon_{F,C} - \varepsilon_{F,V})$ um viele kT kleiner ist als ε_G, ist aber Gl.(3.57) eine sehr gute Näherung.

---

[4] P. Würfel, J. Phys. C, 15 (1982) 3967

3.6.2 Strahlungslose Rekombination

Prinzipiell muss die bei der Rekombination eines Elektrons und eines Lochs frei werdende Energie von anderen Teilchen aufgenommen werden. Bei der strahlungslosen Rekombination sind das primär andere Elektronen oder Löcher (Auger-Rekombination) oder Phononen (Störstellen-Rekombination).

Auger-Rekombination

Die Auger-Rekombination ist die Umkehr der Stoßionisation, bei der ein Elektron oder Loch mit großer kinetischer Energie ein anderes Elektron aus seiner Bindung schlägt, also ein Elektron und ein Loch erzeugt. In der Umkehrung übernimmt ein Elektron oder ein Loch die bei der Rekombination frei werdende Energie als kinetische Energie, die anschließend durch Stöße mit Phononen an das Gitter abgegeben wird. Abb.3.18 zeigt diesen Prozess der Auger-Rekombination schematisch. Nimmt ein Elektron die Energie auf, dann sind 2 Elektronen und 1 Loch an der Reaktion beteiligt. Die Rekombinationsrate ist dann

$$R_{Aug,e} = C_e \, n_e^2 \, n_h$$

und ist groß bei starker n-Dotierung.

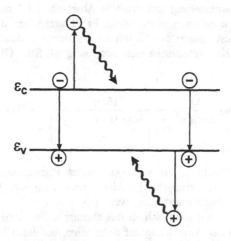

Abb. 3.18   Bei der Auger-Rekombination übernimmt ein Elektron oder ein Loch die bei der Rekombination frei werdende Energie und dissipiert sie anschließend durch Stöße mit dem Gitter.

Bei Aufnahme der Rekombinationsenergie durch ein Loch ist die Rekombinationsrate

$$R_{Aug,h} = C_h\, n_e\, n_h^2\,.$$

Sie ist groß in stark p-dotiertem Material. Beide Raten treten neben einander auf.

$$R_{Aug} = n_e n_h (C_e n_e + C_h n_h)$$

In Silizium haben die Konstanten den Wert

$$C_e(Si) \approx C_h(Si) \approx 1 \cdot 10^{-30}\ \frac{cm^6}{s}\,.$$

In einer pn-Solarzelle sind starke Dotierungen notwendig. Für diese Struktur ist die Auger-Rekombination ein kaum vermeidbarer Verlust, und sie macht sich bei den besten Silizium-Solarzellen als Begrenzung des Wirkungsgrads bereits bemerkbar.

Störstellen-Rekombination

Im Gleichgewicht mit der 300 K Umgebungsstrahlung, in dem $n_e^0 n_h^0 = n_i^2$ ist, und die Generation von Elektronen durch Photonen von der strahlenden Rekombination kompensiert wird, werden auch die strahlungslosen Rekombinationsprozesse durch ihre Umkehrungen, strahlungslose Generationsprozesse, ausgeglichen, bei denen Elektronen über Zustände in der Energielücke, oder seltener, auch direkt vom Valenzband ins Leitungsband durch Absorption von Phononen angeregt werden. Rekombination über Störstellen ist in realen Solarzellen der vorherrschende Rekombinationsprozess. Deshalb soll er ausführlich behandelt werden. Dabei spielen besonders die Störstellen eine Rolle, die den Elektronen Zustände mit Energien ungefähr in der Mitte der verbotenen Zone bieten. Sie fangen Elektronen und Löcher über eine Reihe von angeregten Zuständen mit sukzessiver Energieabgabe ein. Da die Rekombinationsenergie so in kleinen Portionen durch Erzeugung einzelner Phononen an das Gitter abgegeben werden kann, wird der strahlungslose Übergang eines Elektrons vom Leitungsband ins Valenzband, gleichbedeutend mit dem Einfang eines Elektrons und eines Lochs durch eine Störstelle, sehr erleichtert. In der folgenden Analyse werden wir deshalb die strahlende Rekombination gegen die strahlungslose Rekombination vernachlässigen. Die Generations- und Rekombinationsraten, die in der Analyse berücksichtigt werden, sind in Abb.3.19 gezeigt

Für die Rekombinationsrate, mit der Elektronen aus dem Leitungsband verschwinden, gilt

$$R_{e,St} = \sigma_{e,St} \cdot v_e \cdot n_e \cdot n_{h,St}\,. \tag{3.59}$$

Darin ist $n_{h,St}$ die Dichte der Rekombinationspartner, nämlich der mit einem Loch

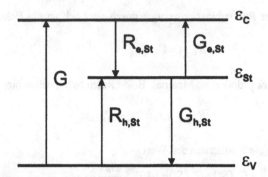

Abb. 3.19　Elektronen und Löcher, die bei Absorption von Photonen mit der Generationsrate G erzeugt werden, werden von Störstellen mit den Raten $R_{e,St}$ und $R_{h,St}$ eingefangen und mit den Raten $G_{e,St}$ und $G_{h,St}$ aus diesen wieder in die Bänder emittiert.

besetzten Störstellen. $\sigma_{e,St}$ ist ihr Einfangquerschnitt für Elektronen und hat Werte in der Größenordnung von 10^{-15} cm^2. n_e ist die Dichte der Elektronen und v_e deren Geschwindigkeit.

Die Rekombinationsrate der Löcher schreibt sich entsprechend

$$R_{h,St} = \sigma_{h,St} \cdot v_h \cdot n_h \cdot n_{e,St}. \tag{3.60}$$

Für die gleiche Störstelle haben die Parameter verschiedene Werte für Elektronen und Löcher. So ist eine donatorartige Störstelle positiv geladen, wenn sie unbesetzt ist und hat dann einen großen Einfangquerschnitt für Elektronen, während eine unbesetzte akzeptorartige Störstelle neutral ist mit einem kleineren Einfangquerschnitt für Elektronen. Umgekehrt ist der Eingangquerschnitt für Löcher bei einer besetzten und damit negativen Akzeptor-Störstelle groß und bei einer besetzten, neutralen Donator-Störstelle klein.

In den Gleichungen (3.59) und (3.60) ist die Besetzung der Störstellen unbekannt und damit die Konzentration der Elektronen in den Störstellen $n_{e,St}$ oder der Löcher $n_{h,St}$. Wenn die Energie der Elektronen in den Störstellen ε_{St} zwischen den Quasi-Fermi-Energien liegt, ist die Besetzung der Störstellen durch keine der beiden Fermi-Verteilungen festgelegt. Die Besetzung ist vielmehr durch die Kinetik bestimmt.[5]

Wir untersuchen als Beispiel eine einzige Sorte von akzeptorartigen Störstellen der Konzentration N_{St} mit bekannter Elektronenenergie ε_{St} und bekannten Einfangquerschnitten $\sigma_{e,St}$ für Elektronen und $\sigma_{h,St}$ für Löcher in einem homogen angeregten Halbleiter unter offenen Klemmen, wo die Elektronen und Löcher am gleichen Ort

[5] W. Shockley, W.T. Read, Phys.Rev., **87** (1952) 835
R.N. Hall, Phys.Rev., **83** (1951) 228

und mit der gleichen Rate rekombinieren, wie sie erzeugt werden (Divergenz der Teilchenströme gleich Null). Außer der Rekombination über Störstellen wird kein weiterer Rekombinationsmechanismus berücksichtigt. Die zeitliche Änderung der Elektronenkonzentration (im Leitungsband) n_e ist einmal durch die Generationsrate bei Absorption von Photonen $G_e = G_h = G = \alpha j_\gamma$ gegeben, wobei der Beitrag der Umgebungsstrahlung genau so wie die strahlende Rekombination vernachlässigt sind, zum anderen durch die Rate $R_{e,St}$ des Einfangs in mit Löchern besetzte Störstellen und durch die thermische Emissionsrate $G_{e,St}$ aus mit Elektronen besetzten Störstellen.

$$\frac{\partial n_e}{\partial t} = G - R_{e,St} + G_{e,St}$$

Mit der Dichte der mit Löchern besetzten Störstellen $n_{h,St} = N_{St} - n_{e,St}$ in Gl.(3.59) und dem Wissen, dass die thermische Emissionsrate von Elektronen aus Störstellen proportional zur Dichte der mit Elektronen besetzten Störstellen ist, $G_{e,St} = \beta_e n_{e,St}$, wird daraus

$$\frac{\partial n_e}{\partial t} = G - \sigma_{e,St} v_e n_e (N_{St} - n_{e,St}) + \beta_e n_{e,St} \ . \qquad (3.61)$$

Darin ist β_e ein noch unbekannter Emissionskoeffizient. Für die Löcher (im Valenzband) gilt entsprechend

$$\frac{\partial n_h}{\partial t} = G - \sigma_{h,St} v_h n_h n_{e,St} + \beta_h (N_{St} - n_{e,St}) \ . \qquad (3.62)$$

Die zeitliche Änderung der Dichte der mit Elektronen besetzten Störstellen ist

$$\frac{\partial n_{e,St}}{\partial t} = \sigma_{e,St} v_e n_e (N_{St} - n_{e,St}) - \beta_e n_{e,St} - \sigma_{h,St} v_h n_h n_{e,St} + \beta_h (N_{St} - n_{e,St}) \ . \qquad (3.63)$$

Das sind drei Gleichungen für die drei unbekannten Konzentrationen n_e, n_h und $n_{e,St}$ (die noch nicht bekannten Emissionskoeffizienten β_e und β_h werden gleich bestimmt). Leider sind die drei Gleichungen nicht linear unabhängig, so folgt z.B. die dritte Gleichung aus der Differenz der zweiten und der ersten Gleichung. Die fehlende weitere Gleichung gewinnen wir aus der Bedingung, dass sich auch bei Veränderung der einzelnen Konzentrationen die Ladungsneutralität des Halbleiters nicht ändern darf.

$$e(n_D^+ - n_e + n_h - n_{e,St}) = 0 \qquad (3.64)$$

In dieser Gleichung nehmen wir an, dass die Störstellen negativ geladen sind, wenn sie mit Elektronen besetzt sind, dass sie also akzeptorartig sind. Für donatorartige Störstellen, die positiv geladen sind, wenn sie nicht mit Elektronen besetzt sind, müsste $(-n_{e,St})$ durch $(N_{St} - n_{e,St})$ ersetzt werden.

Zur Bestimmung der Emissionskoeffizienten benutzen wir das detaillierte Gleichgewicht, das im thermischen und chemischen Gleichgewicht mit der Umgebungsstrahlung vorliegt. Nach Gl.(3.61) ist bei fehlender externer Anregung ($G = 0$) und im stationären Zustand

$$\frac{\partial n_e}{\partial t} = -\sigma_{e,St}v_e n_e (N_{St} - n_{e,St}) + \beta_e\, n_{e,St} = 0 \tag{3.65}$$

Wir rechnen aus Gl.(3.65) die Dichte der mit Elektronen besetzten Störstellen aus, deren Zusammenhang mit der Lage der Fermi-Energie wir im Dunkeln kennen.

$$n_{e,St} = N_{St}\, \frac{1}{\dfrac{\beta_e}{\sigma_{e,St}v_e n_e}+1} = N_{St}\, \frac{1}{\exp\left(\dfrac{\varepsilon_{St} - \varepsilon_F}{kT}\right)+1} \tag{3.66}$$

Mit $n_e = N_C \exp[-(\varepsilon_C - \varepsilon_F)/kT]$ finden wir daraus für den Emissionskoeffizienten von Elektronen aus der Störstelle ins Leitungsband

$$\beta_e = \sigma_{e,St}v_e N_C \exp\left(-\frac{\varepsilon_C - \varepsilon_{St}}{kT}\right), \tag{3.67}$$

und für den Emissionskoeffizienten von Löchern aus der Störstelle ins Valenzband mit der gleichen Überlegung

$$\beta_h = \sigma_{h,St}v_h N_V \exp\left(-\frac{\varepsilon_{St} - \varepsilon_V}{kT}\right). \tag{3.68}$$

Die Elektronen und Löcher haben auch bei Belichtung wegen der schnellen Thermalisierung die gleiche Energie- und Geschwindigkeitsverteilung wie im Dunkeln, der Unterschied liegt nur in der bei Belichtung größeren Konzentration. Die Einfangquerschnitte und die Emissionskoeffizienten, die von der Energieverteilung der freien Ladungsträger abhängen könnten, haben deswegen im Dunkeln und bei Belichtung die gleichen Werte.

Damit sind mit den Gleichungen (3.61) bis (3.64) die Konzentrationen der Elektronen, der Löcher und der besetzten (und natürlich auch unbesetzten) Störstellen als Funktion der externen Generationsrate G von Elektronen und Löchern festgelegt und zwar nicht nur im stationären Zustand. Die Lösung dieses Gleichungssystems ist allerdings für nicht-stationäre Prozesse nur numerisch möglich.

Im stationären Fall finden wir aus Gl.(3.63) für die Dichte der mit Elektronen besetzten Störstellen

$$n_{e,St} = \frac{N_{St}\left\{\sigma_{e,St}v_e n_e + \sigma_{h,St}v_h N_V \exp\left[-(\varepsilon_{St} - \varepsilon_V)/kT\right]\right\}}{\sigma_{e,St}v_e\left\{n_e + N_C \exp\left[-(\varepsilon_C - \varepsilon_{St})/kT\right]\right\} + \sigma_{h,St}v_h\left\{n_h + N_V \exp\left[-(\varepsilon_{St} - \varepsilon_V)/kT\right]\right\}}$$

(3.69)

Dieses Ergebnis, das für sich genommen nicht wichtig ist, setzen wir ein in Gl.(3.61) und erhalten

$$G = \frac{n_e n_h - n_i^2}{\dfrac{n_e + N_C \exp\left(-(\varepsilon_C - \varepsilon_{St})/kT\right)}{N_{St}\sigma_{h,St}v_h} + \dfrac{n_h + N_V \exp\left(-(\varepsilon_{St} - \varepsilon_V)/kT\right)}{N_{St}\sigma_{e,St}v_e}}$$

(3.70)

Auf der linken Seite steht die Generationsrate sowohl der Elektronen als auch der Löcher. Also steht im stationären Zustand auf der rechten Seite die gleich große Rekombinationsrate der Elektronen wie der Löcher. Darin ist $N_{St}\,\sigma_{h,St}\,v_h$ die Einfangrate pro Loch, wenn alle Störstellen mit Elektronen besetzt sind. Ihr Kehrwert ist die Zeit $\tau_{h,min}$, die ein Loch im Valenzband im Mittel bis zu seinem Einfang „lebt", wenn alle Störstellen mit Elektronen besetzt sind. Ebenso ist $\tau_{e,min} = 1/(N_{St}\,\sigma_{e,St}\,v_e)$ die mittlere Lebensdauer eines Elektrons bis zu seinem Einfang, wenn alle Störstellen mit Löchern besetzt sind. Die so definierten „Lebensdauern" stellen untere Grenzen für die tatsächlichen Lebensdauern dar, wenn die Störstellen nur teilweise besetzt sind. Gleichung (3.70) lässt sich auch durch die Fermi-Energien ausdrücken.

$$\Delta G = \frac{n_i\left[\exp\left(\dfrac{\varepsilon_{FC} - \varepsilon_{FV}}{kT}\right) - 1\right]}{\tau_{h,min}\left[\exp\left(\dfrac{\varepsilon_{FC} - \varepsilon_i}{kT}\right) + \exp\left(\dfrac{\varepsilon_{St} - \varepsilon_i}{kT}\right)\right] + \tau_{e,min}\left[\exp\left(\dfrac{\varepsilon_i - \varepsilon_{FV}}{kT}\right) + \exp\left(\dfrac{\varepsilon_i - \varepsilon_{St}}{kT}\right)\right]}$$

(3.71)

Bei gegebener Generationsrate ΔG ist dasjenige Halbleitermaterial für eine Solarzelle am besten geeignet, in dem die Differenz der Fermi-Energien besonders groß ist, d.h. für das der Zähler von (3.71) groß ist. Umgekehrt ist ein Material schlecht, wenn der Zähler von (3.71) klein ist. Bei gegebener Generationsrate muss der Zähler klein sein, wenn der Nenner klein ist. Wenn die minimalen Lebensdauern der Löcher $\tau_{h,min}$ und der Elektronen $\tau_{e,min}$ gleich sind, wird der Nenner minimal, wenn einerseits das Störstellenniveau in der Mitte der Energielücke liegt ($\varepsilon_{St} = \varepsilon_i$) und, wenn andererseits die Fermi-Energien symmetrisch zur Mitte der Energielücke sind ($\varepsilon_{FC} - \varepsilon_i = \varepsilon_i - \varepsilon_{FV}$). In homogenem Material wird die letzte Bedingung nur erfüllt, wenn es intrinsisch ist.

Für gleich große Zusatzkonzentrationen lässt sich aus Gl.(3.71) bestimmen, wie groß die Differenz $\varepsilon_{F,C} - \varepsilon_{F,V}$ der Fermi-Energien bei konstanter Generationsrate ΔG als Funktion der Lage des Störstellenniveaus ε_{St} wird. Abbildung 3.20 zeigt, dass $\varepsilon_{F,C} - \varepsilon_{F,V}$ wie erwartet klein ist, wenn die Elektronen in den Störstellen Energien ε_{St} in der Mitte der Energielücke haben. Der schädliche Einfluss der Störstellen ist zudem größer in schwach dotiertem Material, in dem die Fermi-Energien eher symmetrisch zur Mitte der Energielücke sind, als in stark dotiertem Material. Dabei ist es gleichgültig, ob das Material p-dotiert oder n-dotiert ist. Die Art und Größe der Dotierung kann an der Lage der Fermi-Energie im Dunkeln ε_F^0 abgelesen werden. Je größer der Abstand $\varepsilon_F^0 - \varepsilon_i$ der Fermi-Energie von der Mitte der Energielücke ist, je näher die Fermi-Energie also am Leitungsband liegt, desto stärker n-dotiert ist das Material. Für p-dotiertes Material ist $\varepsilon_F^0 - \varepsilon_i < 0$.

Um aus Gl.(3.70) die Konzentration der Elektronen und Löcher auf einfache Weise bestimmen zu können, machen wir jetzt noch die Einschränkungen kleiner Störstel-

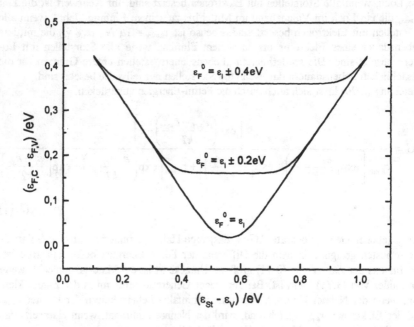

Abb. 3.20 Differenz der Fermi-Energien als Funktion der Störstellenenergie ε_{St} bei konstanter Generationsrate ΔG für verschieden große Dotierkonzentrationen. Große Dotierkonzentrationen ergeben einen großen Abstand $\varepsilon_F^0 - \varepsilon_i$.

lendichte und schwacher Anregung. Wir teilen dazu die Ladungsträgerdichten in die im Dunkeln vorhandenen und die durch Belichtung erzeugten auf, $n_e = n_e^0 + \Delta n_e$ und $n_h = n_h^0 + \Delta n_h$. Aus der Ladungsneutralität in Gl.(3.64) folgt für kleine Störstellendichte $N_{St} \ll \Delta n_e, \Delta n_h$, dass die Zusatzkonzentrationen von Elektronen und Löchern gleich sind, $\Delta n_e = \Delta n_h = \Delta n$. Weiter wollen wir uns auf schwache Anregung, das heißt $\Delta n \ll n_e^0 + n_h^0$ beschränken. Mit diesen Einschränkungen finden wir aus Gl.(3.70) für nicht zu verschiedene Einfangquerschnitte

$$\Delta n = \Delta G \left\{ \tau_{h,min} \frac{n_e^0 + N_C \exp\left[-(\varepsilon_C - \varepsilon_{St})/kT\right]}{n_e^0 + n_h^0} + \tau_{e,min} \frac{n_h^0 + N_V \exp\left[-(\varepsilon_{St} - \varepsilon_V)/kT\right]}{n_e^0 + n_h^0} \right\}$$

(3.72)

Für p-dotiertes Silizium mit $n_h^0 = N_A$ ist in Abb.3.21 das Verhältnis $\Delta n/\Delta G$, das gleich der mittleren Lebensdauer τ bei Störstellenrekombination ist, als Funktion von ε_{St} dargestellt. Dabei wurde $\tau_{e,min} = \tau_{h,min} = 10^{-4}$s gesetzt, was sich für Störstellen der Dichte $N_{St} = 10^{12}$/cm³ mit einem Einfangquerschnitt für Elektronen und Löcher von

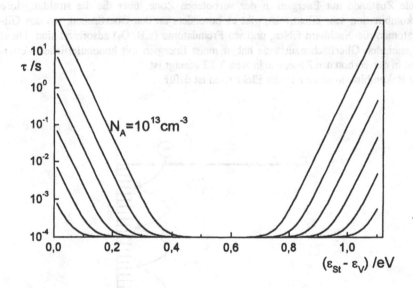

Abb. 3.21 Lebensdauer τ von Elektronen und Löchern in p-dotiertem Silizium bei Störstellenrekombination als Funktion der Elektronenenergie der Störstelle ε_{St}, gemessen vom Oberrand des Valenzbands. Die Akzeptorendichte wächst für die Kurven von innen nach außen von $N_A = 10^{13}$cm⁻³ jeweils um den Faktor 10 bis zu $N_A = 10^{18}$cm⁻³.

jeweils $\sigma = 10^{-15} \mathrm{cm}^2$ bei einer Geschwindigkeit von $v = 10^5$ m/s ergibt. Man sieht, dass die Lebensdauer umso kleiner ist, die Rekombination umso effektiver, je näher das Energieniveau der Störstelle an der Mitte der verbotenen Zone liegt. Liegen die Störstellen in der Nähe des Leitungsbands, dann sind sie meist nicht mit Elektronen besetzt, eingefangene Elektronen werden viel häufiger wieder ins Leitungsband zurückemittiert, als durch Einfang eines Lochs aus dem Valenzband vernichtet. Bei einer Lage in der Nähe des Valenzbands sind Störstellen meist mit Elektronen besetzt, eingefangene Löcher werden wieder ins Valenzband emittiert, bevor sie mit einem anschließend eingefangenen Elektron rekombinieren. In der Mitte der verbotenen Zone ist die Besetzung mit Elektronen und Löchern gleich wahrscheinlich. Sowohl Elektronen wie Löcher finden dann genügend freie Plätze zum Einfang in die Störstellen. Man erkennt auch, welche extremen Anforderungen an die Freiheit von Störstellen und damit an die Reinheit des Materials gestellt sind, um, wie für gute Silizium-Solarzellen benötigt, Lebensdauern von einigen Millisekunden zu erzielen.

Oberflächenrekombination

Viele Zustände mit Energien in der verbotenen Zone, über die die strahlungslose Rekombination sehr effektiv ist, gibt es besonders an den Oberflächen, wo den Gitteratomen die Nachbarn fehlen, und wo Fremdatome (z.B. O_2) adsorbiert sind. Diese sogenannten Oberflächenzustände haben meist Energien mit kontinuierlicher Verteilung in der verbotenen Zone, wie in Abb.3.22 gezeigt ist. Die Rekombinationsrate z.B. der Elektronen ist dafür

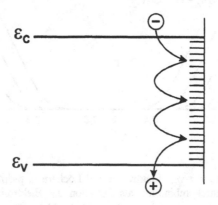

Abb. 3.22   Rekombination über kontinuierlich über der Energie verteilte Oberflächenzustände

$$R_{Obfl,e} = \sigma_{Obfl,e} \cdot v_e \cdot n_{Obfl,h} \cdot n_e. \tag{3.73}$$

Hierin ist $\Delta R_{Obfl,e}$ die bei Belichtung zusätzlich auftretende Rekombinationsrate der Elektronen pro Fläche und $n_{Obfl,h}$ die Zahl der mit einem Loch besetzten Oberflächenzustände pro Fläche. $\sigma_{Obfl,e} \cdot v_e \cdot n_{Obfl,h}$ hat daher die Dimension einer Geschwindigkeit und wird als Oberflächenrekombinationsgeschwindigkeit $v_{R,e}$ der Elektronen bezeichnet. Sie ist charakteristisch für die Oberflächenqualität.

$$R_{Obfl,e} = v_{R,e} \cdot n_e \tag{3.74}$$

Wie Störstellen im Inneren eines Halbleiters sind auch Oberflächenzustände mit Elektronenenergien in der Mitte der verbotenen Zone am effektivsten für die Rekombination. Die modellmäßige Behandlung, auf die hier verzichtet wird, erfolgt ganz analog zu der Rekombination über Störstellen im Inneren eines Halbleiters im vorigen Abschnitt. Über die chemische Natur von Oberflächenzuständen und ihre Elektronenenergien ist viel weniger bekannt als bei Störstellen im Inneren. Meist muss man ihre Charakterisierung auf die Oberflächenrekombinationsgeschwindigkeit beschränken.

Schlechte Oberflächen mit großen Oberflächenrekombinationsgeschwindigkeiten von 10^5 - 10^6 cm/s sind schon solche, die frei der Luft ausgesetzt sind, H_2O und O_2 adsorbieren oder damit chemisch reagieren.

Besonders problematisch sind metallisierte Oberflächen, die man als Kontakte für die Auskopplung eines elektrischen Stroms benötigt. Wie Abb.3.23 zeigt, grenzt hier an die verbotene Zone des Halbleiters die kontinuierliche Verteilung der Zustände im Leitungsband des Metalls.

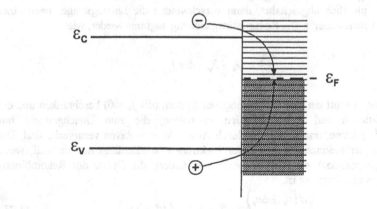

Abb. 3.23 Die Zustandsverteilung am Halbleiter - Metall Kontakt hat eine große Oberflächenrekombinationsgeschwindigkeit zur Folge

In guter Näherung kann man die Oberflächenrekombinationsgeschwindigkeit am Metallkontakt als $v_{R,Metall} \approx \infty$ ansehen. Die dadurch bedingte unendlich große Rekombinationsrate wird im Dunkeln durch eine ebenfalls unendlich große Generationsrate kompensiert. Da jede zusätzliche Generation durch Belichtung dagegen zu vernachlässigen ist, hat das zur Folge, dass auch bei zusätzlicher Generation die Konzentrationen der Elektronen und Löcher am Metallkontakt nicht von ihren Gleichgewichtswerten im Dunkeln $n_e^0 n_h^0 = n_i^2$ abweichen.

Gute Oberflächen lassen sich bei Silizium durch sorgfältige Oxidation unter sauberen Bedingungen herstellen. Es werden an Si/SiO₂-Grenzflächen Oberflächenzustandsdichten von $D_{Obfl} < 10^{10}/(cm^2 eV)$ erreicht mit Rekombinationsgeschwindigkeiten von $v_R \leq 10 \, cm/s$.

Eine so perfekte Passivierung der Oberfläche ist nur für Si/SiO₂ und für die Kombination einiger III-V-Verbindungen mit gleicher Gitterkonstanten erreichbar. Trotzdem sorgt der Kontakt mit einem anderen als Deckschicht aufgebrachten Halbleiter meist für kleinere Oberflächenrekombinationsgeschwindigkeiten als die nackte Oberfläche oder der Kontakt mit einem Metall. Damit Rekombination an der Oberfläche der Deckschicht unbedeutend bleibt, dürfen in ihr keine Elektron-Loch Paare erzeugt werden. Für passivierende Deckschichten werden deshalb Halbleiter mit großem Bandabstand ($\varepsilon_G > 3eV$) gewählt, die im Sichtbaren transparent sind und als Fensterschichten bezeichnet werden.

3.6.3 Lebensdauer

Wegen der Rekombination „lebt" ein erzeugter Ladungsträger in seinem Band nicht beliebig lang. Wird die Erzeugung von Elektronen und Löchern durch Absorption von Licht plötzlich abgeschaltet, dann verschwinden die Ladungsträger nach einer mittleren Lebensdauer τ. Die Kontinuitätsgleichung sagt uns wieder, wie:

$$\frac{\partial n_e}{\partial t} = G_e - R_e - \text{div} \, j_e \, .$$

Wir wollen uns auf ein räumlich homogenes System (div $j_e = 0$) beschränken und die Konzentrationen und Raten aufteilen in solche, die zum Gleichgewicht mit $n_e^0 n_h^0 = n_i^2$ gehören, und solche, die durch Abweichungen davon verursacht sind. Die Aufteilung der Rekombinationsrate der Elektronen ist allerdings nur sinnvoll, wenn sie sich proportional zur Elektronendichte n_e ändert, die Dichte des Rekombinationspartners also konstant ist.

$$\frac{\partial \left(n_e^0 + \Delta n_e \right)}{\partial t} = G_e^0 + \Delta G_e - \left(R_e^0 + \Delta R_e \right). \tag{3.75}$$

Da $\dfrac{\partial n_e^0}{\partial t} = G_e^0 - R_e^0 = 0$ ist, als Kennzeichnung des Gleichgewichts im Dunkeln, gilt für die Zusatzkonzentration der Elektronen

$$\frac{\partial \Delta n_e}{\partial t} = \Delta G_e - \Delta R_e \;.$$

Bei plötzlichem Abschalten von ΔG_e haben wir im Fall der strahlenden Rekombination

$$\frac{\partial \Delta n_e}{\partial t} = -\Delta R_e = -B n_h \, \Delta n_e \;. \tag{3.76}$$

In dieser Gleichung ist vorausgesetzt, dass sich die Generation abschalten lässt, weil sie nur von Photonen herrührt, die von außen einfallen. Nicht berücksichtigt wird die Reabsorption von Photonen, die bei der strahlenden Rekombination emittiert werden. Die Gleichung gilt daher nur für kleine Dicken des Halbleiters. Bei Berücksichtigung der Reabsorption der erzeugten Photonen in dicken Körpern klingt die Elektronendichte durch strahlende Rekombination umso langsamer ab je dicker der Körper ist.

Die Gleichung (3.76) lässt sich leicht integrieren für die Elektronen in einem hoch dotierten p-Leiter, in dem wegen der starken p-Dotierung die Löcherdichte $n_h = n_h^0 + \Delta n_h \approx n_h^0$ praktisch nicht von der Belichtung abhängt. Diesen Fall, in dem die Zusatzkonzentrationen klein gegen die Majoritätsträgerkonzentration im Dunkeln sind, nennt man „schwache Anregung" oder „schwache Injektion". Er ist bei Solarzellen in unfokussierter Sonnenstrahlung erfüllt. Aus Gl.(3.76) ergibt sich dann

$$\Delta n_e(t) = \Delta n_e(0) \exp\left(-t / \tau_{e,strahlend}\right) \tag{3.77}$$

mit der charakteristischen Zeit $\tau_{e,strahlend} = 1/(B n_h^0)$, die als Lebensdauer (der Minoritätsladungsträger, hier: der Elektronen) bei strahlender Rekombination bezeichnet wird.

In p-Silizium mit einer typischen Löcherdichte von $n_h = 10^{16}/cm^3$ ist die Lebensdauer der Elektronen gegenüber strahlender Rekombination

$$\tau_{e,strahlend} = \frac{1}{3 \cdot 10^{-15} \dfrac{cm^3}{s} \cdot \dfrac{10^{16}}{cm^3}} = 0.03\, s \;.$$

Mit der Lebensdauer kann die Rekombinationsrate allgemein auch geschrieben werden als

$$\Delta R_e = \Delta n_e / \tau_e \;.$$

Das plötzliche Einschalten von ΔG_e aus dem Gleichgewichtszustand hat zur Folge

$$\Delta n_e(t) = \Delta G_e \cdot \tau_e \{1 - \exp(-t/\tau_e)\}. \tag{3.78}$$

Die sich durch die Belichtung bildende stationäre Zusatzkonzentration von Elektronen ist

$$\Delta n_e = \Delta G_e \cdot \tau_e. \tag{3.79}$$

Für die strahlungslose Rekombination ist ebenso $\Delta R_e = \Delta G_e = \Delta n_e/\tau_e$ und also

$$\tau_e = \frac{1}{\sigma_{Stör,e} \cdot v_e \cdot n_{Stör,h}}. \tag{3.80}$$

Diese Lebensdauer ist in Abb.3.21 als Funktion der Lage des Störstellenniveaus gezeigt.

Wenn die Dichte der Rekombinationspartner sich zeitlich ändert, ändert sich auch die Lebensdauer mit der Zeit und man spricht von der momentanen Lebensdauer. Alles was für die Elektronen in einem p-Leiter gesagt wurde, gilt entsprechend für die Löcher in einem n-Leiter und allgemein für die jeweiligen Minoritätsladungsträger.

Die zeitliche Änderung der Dichte der freien Ladungsträger kann man über die von ihnen hervorgerufene Mikrowellenreflexion zeitlich verfolgen und aus dem Abklingen nach Abschalten der Belichtung die Lebensdauer experimentell bestimmen, die ein Kennzeichen der Qualität des Halbleitermaterials ist.

Durch Übergänge zwischen Valenz- und Leitungsband werden Elektronen und Löcher paarweise erzeugt, also ist $\Delta G_e = \Delta G_h$. Sind in einem Halbleiter nur Donatoren oder Akzeptoren, die bei Zimmertemperatur sowieso schon vollständig ionisiert sind, und sonst nur vernachlässigbar wenig Störstellen, deren Ladung sich durch Belichtung ändert, dann ist aus Gründen der Ladungserhaltung $\Delta n_e = \Delta n_h$ und also auch $\tau_e = \tau_h$.

Das ist ein überraschendes Ergebnis, weil sich ohne zusätzliche Anregung in einem dotierten Halbleiter Elektronen- und Löcherdichten ja sehr stark unterscheiden.

Die verschiedenen Rekombinationsprozesse laufen in einem Halbleiter neben einander ab. Die gesamte Rekombinationsrate ergibt sich als Summe der Raten der einzelnen Rekombinationsmechanismen. Sind diese einzeln durch die Lebensdauern τ_i gekennzeichnet, die die Elektronen und Löcher hätten, wenn kein anderer Rekombinationsprozess existierte, dann ergibt sich die Gesamtlebensdauer τ_{ges} wegen

$$R_{ges} = \frac{\Delta n_e}{\tau_{e,ges}} = \sum R_i = \sum \frac{\Delta n_e}{\tau_i}$$

zu

$$\frac{1}{\tau_{ges}} = \sum_i \frac{1}{\tau_i}.$$

Wenn keine Elektron-Loch Paare entnommen werden, also im Leerlauf, müssen alle erzeugten Ladungsträger auch rekombinieren, und es ist $\Delta G_e = \Delta R_e = \Delta n_e/\tau_{e,ges}$. Die Zusatzkonzentration der Elektronen Δn_e, die sich im stationären Zustand einstellt, ist umso größer, je größer ihre Lebensdauer ist.

Die Lebensdauer der Elektronen ist nach oben begrenzt durch $\tau_{e,strahlend}$, wenn alle Rekombinationsmechanismen außer der nicht vermeidbaren strahlenden Rekombination vermieden werden. Da die maximal erreichbaren Konzentrationen von Elektronen und Löchern sich bei ausschließlich strahlender Rekombination einstellen, ist die Kenntnis der strahlenden Rekombination und der dabei emittierten Photonenströme so wichtig für die Bestimmung von maximalen Wirkungsgraden.

4 Umwandlung von Wärmestrahlung in chemische Energie

Die Umwandlung von Wärme (-strahlung) der Sonne in chemische Energie ist die Umwandlung einer entropiehaltigen Energieform in eine entropiefreie. Dazu wird eine Wärmekraftmaschine benötigt, die bei reversibler Funktion die aufgenommene Entropie mit einem Energiestrom bei Umgebungstemperatur abgibt. In Kapitel 2 wurde gezeigt, dass der Wirkungsgrad für diesen Prozess der Carnot-Wirkungsgrad ist. Wie sieht dagegen die Konversion von Wärme in chemische Energie im Halbleiter aus? Wir wollen dazu die Generation der Elektronen und Löcher Schritt für Schritt verfolgen. Im ersten Schritt nach der Absorption der Photonen soll die Streuung der Elektronen und Löcher unter einander erlaubt, aber an den Gitterschwingungen ausgeschaltet sein. Bei maximaler Konzentration der Sonnenstrahlung, wenn der Halbleiter also nur die Sonne sieht, stellt sich eine Energieverteilung ein, die das gleiche Spektrum zur Sonne emittiert, das von der Sonne absorbiert wird. Die Elektronen sind in dieser Verteilung mit der Sonne im thermischen und chemischen Gleichgewicht. Sie haben Sonnentemperatur und $\eta_e + \eta_h = 0$. Die mittlere Energie eines Elektron-Loch Paares ist dann $\varepsilon_G + 3\,kT_{Sonne}$ und die (einheitliche) Fermi-Energie liegt in der Mitte der Energielücke. Also ist nach Gl.(3.37)

$$\varepsilon_C - \eta_e = kT_S \ln(N_C/n_e) = \varepsilon_G/2$$

Im zweiten Schritt wird die Wechselwirkung mit den Gitterschwingungen eingeschaltet. Das führt zu einer Abkühlung der Elektronen und Löcher, wobei die Zahl der Elektronen und Löcher jeweils erhalten bleibt. Wegen der Erhaltung der Elektronen- und Löcherzahl bleibt auch deren Entropie (pro Teilchen) $\sigma_{e,h} = k\,[5/2 + \ln(N_{C,V}/n_{e,h})]$ praktisch unverändert. Haben die Elektronen und Löcher die Gittertemperatur T_0 erreicht, gilt

$$\varepsilon_C - \eta_e = kT_0 \ln\left(N_C/n_e\right) = \frac{\varepsilon_G}{2}\frac{T_0}{T_S} \quad \text{und} \quad -\varepsilon_V - \eta_h = kT_0 \ln\left(N_V/n_h\right) = \frac{\varepsilon_G}{2}\frac{T_0}{T_S}$$

daraus ergibt sich schließlich die chemische Energie pro Elektron-Loch Paar als

$$\eta_e + \eta_h = \varepsilon_G\,(1 - T_0/T_S)$$

Vergleichen wir das mit der Energie pro Elektron-Loch Paar von $\varepsilon_G + 3\,kT_{Sonne}$ vor der Abkühlung, dann erkennen wir einen großen Energieverlust durch Thermalisation, der von der Entropieerzeugung bei Erzeugung der Gitterschwingungen herrührt. Die Abkühlung der Elektronen und Löcher bei konstanter Teilchenzahl ist also alles andere als ein idealer Prozess zur Erzeugung chemischer Energie, wenn er über Zustände in einem großen Energiebereich erfolgt.

Mit den Erkenntnissen des vorangegangenen Kapitels können wir die Größe der chemischen Energie der Elektron-Loch Paare bei beliebiger Beleuchtung und unter Berücksichtigung verschiedener Rekombinationsprozesse genauer berechnen. Diese chemische Energie kann z.B. in Farbstoffen wie dem Chlorophyll weitere chemische Reaktionen in Gang setzen. Das ermöglicht in der Photosynthese eine dauerhafte Energiespeicherung. In der Solarzelle ist die chemische Energie ein Zwischenprodukt, aus dem in einem noch folgenden Schritt elektrische Energie gewonnen werden soll.

Die chemische Energie pro Elektron-Loch Paar ist die Summe der elektrochemischen Potenziale von Elektronen und Löchern

$$\eta_e + \eta_h = \mu_e + \mu_h = \varepsilon_{F,C} - \varepsilon_{F,V} \, .$$

Ihr Wert ist nach Gl.(3.29)

$$\mu_e + \mu_h = \varepsilon_{F,C} - \varepsilon_{F,V} = kT \ln\left(\frac{n_e \, n_h}{n_i^2}\right). \tag{4.1}$$

4.1 Maximaler Wirkungsgrad für die Erzeugung chemischer Energie

Wir wollen untersuchen, unter welchen Bedingungen das Verhältnis von chemischer Energie der Elektron-Loch Paare $\mu_e + \mu_h$ zur aufgewandten Energie der Photonen maximal wird. Die dazu nötigen idealisierenden Annahmen sind

1. nur strahlende Rekombination
2. keine Entnahme von Elektronen und Löchern
3. keine Thermalisationsverluste, deshalb Absorption und Emission nur monochromatisch mit der Mindestenergie $\hbar\omega = \varepsilon_G$ und Absorptionsgrad $a(\hbar\omega = \varepsilon_G)$ = 1 für ein Intervall $d\hbar\omega$. Diese Bedingung können wir uns realisiert denken durch ein Filter, das den Halbleiter von der Außenwelt trennt, und das nur für $\hbar\omega = \varepsilon_G$ durchlässig ist und alle anderen Photonen reflektiert.
4. maximale Generationsrate. Diese Bedingung wird erreicht, wenn sich der

Halbleiter im Strahlungsgleichgewicht mit der Sonne befindet, also Absorption und Emission mit dem selben Raumwinkel auftreten.

Aus den Bedingungen 1 und 2 folgt, dass im stationären Zustand der emittierte Photonenstrom genauso groß sein muss wie der absorbierte Photonenstrom. Mit Gl.(2.33) und Gl.(3.56) bedeutet das

$$dj_{\gamma,emit} = \frac{\Omega_{emit}}{4\pi^3 \hbar^3 c^2} \frac{n_e n_h}{n_i^2} \frac{\varepsilon_G^2 d\hbar\omega}{\exp\left(\dfrac{\varepsilon_G}{kT_0}\right)-1} = \frac{\Omega_{abs}}{4\pi^3 \hbar^3 c^2} \frac{\varepsilon_G^2 d\hbar\omega}{\exp\left(\dfrac{\varepsilon_G}{kT_S}\right)-1} = dj_{\gamma,abs}.$$

Mit

$$\frac{n_e n_h}{n_i^2} = \exp\left(\frac{\varepsilon_{F,C} - \varepsilon_{F,V}}{kT_0}\right) = \exp\left(\frac{\mu_e + \mu_h}{kT_0}\right)$$

finden wir bei Vernachlässigung der „1" im Nenner der Planck-Formel, oder bei Benutzung des exakten Ausdrucks (3.58) für den emittierten Photonenstrom

$$\mu_e + \mu_h = \varepsilon_G\left(1 - \frac{T_0}{T_S}\right) - kT_0 \ln\frac{\Omega_{emit}}{\Omega_{abs}}.$$

Mit Bedingung 4, unter der der Halbleiter Sonnentemperatur T_S erreichen würde, wenn wir seine Temperatur nicht auf $T = T_0$ festhalten würden, unter der er also nur die Sonne oder sich selbst sieht, ist $\Omega_{emit} = \Omega_{abs}$. Die chemische Energie pro Elektron-Loch Paar ist dann maximal mit

$$\mu_e + \mu_h = \varepsilon_G\left(1 - \frac{T_o}{T_S}\right), \tag{4.2}$$

und der Wirkungsgrad für die Umwandlung von Sonnenwärme in chemische Energie

$$\eta = \frac{\mu_e + \mu_h}{\varepsilon_G} = 1 - \frac{T_0}{T_S}$$

ist der Carnot-Wirkungsgrad, ein Grenzwert, den man für die Konversion von Wärme in eine andere entropiefreie Energieform erhält, wenn der Konversionsprozess reversibel, also ohne Entropieerzeugung abläuft.

Wir sehen, dass ein idealer Halbleiter, der nur strahlende Rekombination kennt, bei monochromatischem Betrieb ein idealer Konverter von Wärme in chemische Energie ist.

Man mag sich fragen, wo die chemische Energie bleibt, die in den Elektron-Loch Paaren steckt. Wir benutzen zur Beantwortung die Freie Energie $F(T, V, N) = E(S, V, N) - TS$. In einem stabilen Zustand ist sie minimal. Mit Gl.(3.30) folgt

$$dF = -SdT - pdV + \eta_e dN_e + \eta_h dN_h + \mu_\gamma dN_\gamma = 0 . \tag{4.3}$$

Halten wir die Temperatur T und das Volumen V des Halbleiters konstant, dann ist

$$\eta_e dN_e + \eta_h dN_h + \mu_\gamma dN_\gamma = 0 .$$

Aus der Reaktion für Elektronen und Löcher mit Photonen $e + h \rightleftarrows \gamma$ folgt, dass je ein Elektron und ein Loch verschwinden, wenn ein Photon erzeugt wird und umgekehrt, also ist

$$-dN_e = -dN_h = dN_\gamma .$$

Zusammen mit der vorangehenden Gleichung folgt daraus

$$\eta_e + \eta_h = \mu_\gamma = \mu_e + \mu_h .$$

Die chemische Energie der Elektron-Loch Paare wird vollständig von den emittierten Photonen abgeführt. Strahlung mit einem chemischen Potenzial $\mu_\gamma \neq 0$ nennt man Lumineszenzstrahlung, die wir von Lumineszenzdioden her kennen.
Unter Bedingungen, unter denen genauso viel Photonen in den gleichen Raumwinkel mit der gleichen Energie emittiert werden, wie absorbiert werden, bleibt der Energiestrom unverändert. Dass die absorbierten Photonen $\mu_\gamma = 0$ und $T = T_S$ haben, die emittierten aber $\mu_\gamma = \varepsilon_G (1 - T_0/T_S)$ und $T = T_0$, sieht man der monochromatischen Strahlung nicht an.

4.2 Maximal nutzbarer Strom chemischer Energie

Der Prozess, bei dem alle chemische Energie mit den Photonen emittiert wird, ist eigentlich nutzlos. Uns interessiert mehr, wie viel chemische Energie mit den Elektron-Loch Paaren entnommen werden kann. Aus der Kontinuitätsgleichung für die Elektronen bei stationären Bedingungen

$$\frac{\partial n_e}{\partial t} = G_e - R_e - \operatorname{div} j_e = 0$$

sehen wir, dass

$$\text{div } j_e = G_e - R_e \tag{4.4}$$

gerade die Rate angibt, mit der Elektronen einem Volumenelement entnommen werden, weil mehr aus ihm herausfließen als hinein, wenn $G_e > R_e$. Es können also nur dann Elektronen entnommen werden, wenn weniger rekombinieren als erzeugt werden. Das ist nur zu erreichen durch eine Verringerung ihrer Dichte oder der ihrer Rekombinationspartner.

Wir finden den insgesamt entnommenen Strom j_e der Elektronen durch Integration von Gl.(4.4) über das Volumen des Halbleiters

$$j_e = \int G_e \, dx - \int R_e \, dx .$$

Wenn wir uns wieder auf nur strahlende Rekombination beschränken, dann können so viele Elektronen entnommen werden, wie Photonen weniger emittiert als absorbiert werden

$$j_e = j_{\gamma,abs} - j_{\gamma,em} . \tag{4.5}$$

Die gleiche Beziehung gilt für die Löcher.

Unter Bedingungen, unter denen, wie im Dunkeln, das Produkt der Teilchendichten von Elektronen und Löchern räumlich konstant ist, ist die Summe der chemischen Potenziale $\mu_e + \mu_h$ nach Gl.(4.1) auch unabhängig vom Ort und wir finden für den entnehmbaren Elektronenstrom

$$j_e = j_{\gamma,abs} - j_\gamma^0 \cdot \frac{n_e n_h}{n_i^2} = j_{\gamma,abs} - j_\gamma^0 \exp\left(\frac{\mu_e + \mu_h}{kT}\right) . \tag{4.6}$$

Die Bedingung $\mu_e + \mu_h = $ const ist am einfachsten erfüllt, wenn die Elektronen und Löcher homogen über das Volumen verteilt sind, was der Fall ist, wenn sie z.B. wegen schwacher Absorption gleichmäßig im Volumen erzeugt werden, oder, wenn sie sich wegen großer Diffusionskonstanten und Lebensdauer gleichmäßig im Volumen verteilen.

Bei gegebenem $j_{\gamma,abs}$ ist der entnommene Strom der Elektronen und Löcher $j_{e,h}$ als Funktion der mit ihnen entnommenen chemischen Energie in Abb.4.1 gezeigt. Wir sehen, dass bei kleinem Wert von $\mu_e + \mu_h$ praktisch keine Photonen emittiert werden, und alle von den absorbierten Photonen erzeugten Elektronen und Löcher entnommen werden können. Der entnommene Strom chemischer Energie ist

$$j_\mu = j_{e,h} \cdot (\mu_e + \mu_h) .$$

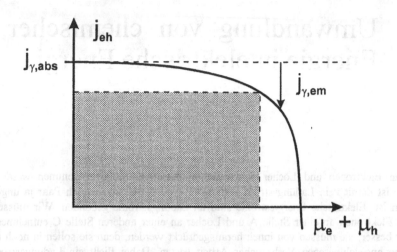

Abb. 4.1 Entnehmbarer Strom von Elektron-Loch Paaren als Funktion ihrer chemischen Energie $\mu_e + \mu_h$

Sein maximaler Wert ist das größte Rechteck, das man zwischen der Kurve in Abb. 4.1 und den Achsen unterbringt. Damit können wir jetzt zwar ausrechnen, wie viel chemische Energie aus Sonnenenergie von einem photochemischen Konverter abgegeben werden kann, wir haben aber noch keine Vorstellung, mit Hilfe welcher Vorrichtungen das möglich ist.

5 Umwandlung von chemischer Energie in elektrische Energie

Wenn Elektronen und Löcher paarweise an derselben Stelle entnommen werden, dann ist damit kein Ladungsstrom verbunden, weil ein Elektron-Loch Paar ja ungeladen ist. Elektrische Energieströme sind an Ladungsströme gebunden. Wir müssen also Elektronen an einer Stelle A und Löcher an einer anderen Stelle C entnehmen, oder besser, sie müssen von innen herausgedrückt werden, denn sie sollen ja noch in einem angeschlossenen Verbraucher Arbeit leisten. Dabei fließt ein Ladungsstrom (ein Strom positiver Ladung) innerhalb der Solarzelle von A nach C.

Wir lernen noch mehr über die dazu notwendige Struktur, wenn wir fordern, dass die Anschlüsse, letztlich Metallkontakte, auch funktionieren, wenn sie nicht belichtet sind, oder wie ein Metall, bei Belichtung die gleichen Eigenschaften haben wie im Dunkeln.

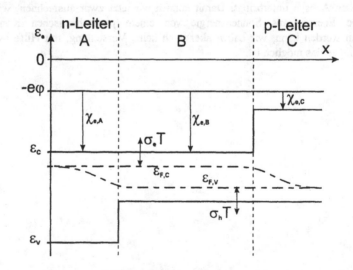

Abb. 5.1 Struktur zur Entnahme von Elektronen und Löchern als Ladungsstrom bei Erhaltung der Entropie der Elektronen auf dem Weg nach links und der Entropie der Löcher auf dem Weg nach rechts

Beim Fließen der Elektronen zur Stelle A und der Löcher zur Stelle C soll, um Irreversibilitäten zu vermeiden, die Entropie pro Teilchen nicht anwachsen. Um diesen Punkt klar herauszustellen, wollen wir den belichteten Halbleiter B, in dem die Elektronen und Löcher durch Absorption des Lichts erzeugt werden, rechts und links so an je einen unbelichteten Halbleiter anschließen, dass die gerade aufgestellten Forderungen erfüllt sind. Es ergibt sich die Anordnung der Abb.5.1. Der unbelichtete Halbleiter A auf der linken Seite, über den die Elektronen herausfließen sollen, muss ein n-Leiter sein, weil nur dann die Entropie pro Elektron auf diesem Weg nicht zunimmt. Der unbelichtete Halbleiter C auf der rechten Seite, über den die Löcher herausfließen sollen, muss aus dem gleichen Grund ein p-Leiter sein. Wir sehen allerdings auch, dass für Löcher, die nach links, und für Elektronen, die nach rechts fließen, die Entropie pro Teilchen stark zunimmt. Um das Fließen in diese „falschen" Richtungen zu verhindern, werden semipermeable Membranen gebraucht, die nach links nur Elektronen durchlassen und nach rechts nur Löcher. Diese Membranen sind hier versuchsweise realisiert durch einen Sprung im Leitungsband, der als Barriere das Fließen der Elektronen nach rechts verhindern soll und durch einen Sprung im Valenzband als Barriere für die Löcher auf dem Weg nach links. Die Richtungen „rechts" und „links" sind nicht wörtlich zu nehmen. Es sind damit nur die Richtungen von Transporten der Elektronen oder der Löcher zu verschiedenen Stellen, an denen sie herausfließen sollen, gemeint. Diese Stellen können z.B. auch auf einer Fläche nebeneinander liegen, wenn sie mit unterschiedlichen Membranen einen selektiven Transport zulassen. Um zu verstehen, ob in der Struktur der Abb.5.1 Elektronen und Löcher überhaupt fließen und wohin, müssen wir uns jetzt überlegen, was der Antrieb für ihre Bewegung ist.

5.1 Transport von Elektronen und Löchern

Elektronen haben viele „Henkel", an denen Kräfte angreifen können. An ihrer Masse greift der Gradient des Gravitationspotenzials an, an ihrer Ladung der Gradient des elektrischen Potenzials, an ihrer Entropie der Gradient der Temperatur, an ihrer Menge der Gradient des chemischen Potenzials. Die Gravitationskraft ist vernachlässigbar klein, und der Einfachheit halber schließen wir auch Temperaturgradienten aus. Obwohl wir schon wissen, dass beim Austausch von Elektronen oder Löchern Ladung und Teilchenmenge gekoppelt sind, und darum auch die Kräfte, die an ihnen angreifen, wollen wir die Auswirkung der Kräfte zuerst einmal einzeln erörtern, indem wir annehmen, dass jeweils nur eine der beiden Kräfte von Null verschieden ist. Wir behalten aber im Gedächtnis, dass die an der Ladung und an der Menge angreifenden Kräfte beide auf dieselben Teilchen wirken und deshalb zu einer resultierenden Kraft zusammengefasst werden müssen, die die Teilchen antreibt.

5.1.1 Feldstrom

Das elektrische Feld $E = -$ grad φ ist der Antrieb, der an der Ladung angreift. Es ist der einzige Antrieb für den Ladungsstrom der Elektronen und Löcher, wenn ihre Konzentration ortsunabhängig ist. Dann ist z.B. für Elektronen auch

$$\mu_e = \mu_{e,0} + kT \ln\left(\frac{n_e}{N_C}\right) \quad \text{ortsunabhängig und} \quad \text{grad}\,\mu_e = 0,$$

der Antrieb für den noch zu behandelnden Diffusionsstrom. Abb. 5.2 zeigt die Ortsabhängigkeit der Elektronen-Energien. Der Abstand der Fermi-Energie $\varepsilon_{F,C}$ vom Leitungsband ε_C ist unabhängig vom Ort, weil die Konzentration der Elektronen als überall gleich vorausgesetzt wurde.

Die Dichte des Ladungsfeldstroms der Teilchensorte i ist

$$j_{QF,i} = z_i\, e\, n_i < v_i > . \tag{5.1}$$

Die Teilchen der Konzentration n_i bewegen sich mit der mittleren Geschwindigkeit $< v_i >$ und führen die Ladung $z_i \cdot e$ mit. Da der Mittelwert der thermischen Geschwindigkeit v_{th} ohne elektrisches Feld Null ist, ist $< v_i >$ der Mittelwert der Zusatzgeschwindigkeit im elektrischen Feld, die Driftgeschwindigkeit, die klein ist gegen v_{th}.

Die Ladungsträger stoßen bei ihrer thermischen Bewegung im Mittel nach einer mittleren freien Weglänge gegen Hindernisse (Phononen und Störstellen).

Die mittlere Zeit $\tau_{S,i}$ zwischen zwei Stößen heißt Stoßzeit. Im elektrischen Feld ist die Bewegung zwischen den Stößen beschleunigt mit der Beschleunigung $a_i = z_i$ eE/m_i^*. Wegen der exponentiellen Verteilung der Zeiten zwischen zwei Stößen, eini-

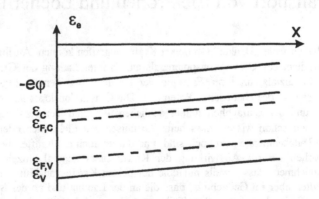

Abb. 5.2   Elektronen-Energien im elektrischen Feld bei ortsunabhängiger Elektronen-Konzentration

ge Teilchen stoßen erst nach viel längerer Zeit als τ_{Si}, ist die mittlere Geschwindigkeit

$$<v_i> = \int_0^\infty a_i \exp(-t/\tau_{S,i}) \, dt = a_i \cdot \tau_{S,i} \, ,$$

also

$$<v_i> = z_i \frac{e}{m_i^*} \tau_{S,i} E \, . \tag{5.2}$$

$b_i = \dfrac{e}{m_i^*} \tau_{S,i}$ nennt man die Beweglichkeit der Teilchensorte i.

Die Dichte des Feldstroms ist damit

$$j_{QF,i} = z_i^2 \, e \, n_i \, b_i \, E = \sigma_i \, E \, .$$

Darin ist $\sigma_i = z_i^2 \, e \, n_i \, b_i$ die Leitfähigkeit der Teilchensorte i. Mit $E = -\operatorname{grad} \varphi$ können wir den Ladungsstrom auch durch den Gradienten der elektrischen Energie pro Teilchen $z_i \, e \, \varphi$ ausdrücken

$$j_{QF,i} = -\frac{\sigma_i}{z_i \, e} \operatorname{grad}(z_i \, e \, \varphi) \, . \tag{5.3}$$

Für Elektronen ist das

$$j_{QF,e} = \frac{\sigma_e}{e} \operatorname{grad}(-e \, \varphi) \tag{5.4}$$

und für Löcher

$$j_{QF,h} = -\frac{\sigma_h}{e} \operatorname{grad}(e \, \varphi) \, . \tag{5.5}$$

5.1.2 Diffusionsstrom

Wenn das elektrische Potenzial an jedem Ort gleich ist, also $\operatorname{grad} \varphi = 0$, dann fließt bei ortsabhängiger Konzentration ein reiner Diffusionsstrom. Wie Abb.5.3 zeigt, ist in einem Halbleiter aus einheitlichem Material die Leitungsbandkante ε_C dann überall gleich. Der Abstand der Fermi-Energie $\varepsilon_{F,C}$ zum Leitungsband, der konzentrationsabhängige Anteil des chemischen Potenzials, ist dagegen ortsabhängig.

In der üblichen Schreibweise des Fick'schen Gesetzes ist der damit gekoppelte Ladungsstrom

$$j_{QD,i} = z_i \cdot e \left(-D_i \, \mathrm{grad}\, n_i \right) \tag{5.6}$$

mit dem Diffusionskoeffizienten D_i. In dieser Schreibweise ist der Strom der Teilchensorte i nicht proportional zu ihrer Konzentration n_i und lässt deshalb nicht den Antrieb erkennen, der auf diese Konzentration von Teilchen wirkt. Das erreichen wir durch Umformen

$$j_{QD,i} = -z_i \, e\, n_i D_i \frac{\mathrm{grad}\, n_i}{n_i}.$$

Mit $\dfrac{\mathrm{grad}\, n_i}{n_i} = \mathrm{grad} \ln\left(\dfrac{n_i}{N_C} \right)$ und dem chemischen Potenzial $\mu_i = \mu_{i,0} + kT \ln \dfrac{n_i}{N_C}$
wird daraus

$$j_{QD,i} = -\frac{z_i \, e\, n_i D_i}{kT} \mathrm{grad}\, \mu_i.$$

Dieser Ausdruck gilt, anders als das Ficksche Gesetz, auch für eine inhomogene chemische Umgebung $\left(\mathrm{grad}\, \mu_{i,0} \neq 0 \right)$.

Mit der sogenannten Einstein-Relation $\dfrac{D_i}{b_i} = \dfrac{kT}{e}$ erhalten wir schließlich

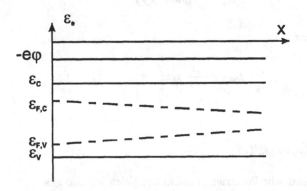

Abb. 5.3   Elektronen-Energien bei ortsabhängiger Konzentration der Elektronen ohne elektrisches Feld

$$j_{QD,i} = -\frac{z_i\,e\,n_i\,b_i}{e}\,\mathrm{grad}\,\mu_i = -\frac{\sigma_i}{z_i\,e}\,\mathrm{grad}\,\mu_i\,. \tag{5.7}$$

Das ist für Elektronen

$$j_{QD,e} = \frac{\sigma_e}{e}\,\mathrm{grad}\,\mu_e \tag{5.8}$$

und für Löcher

$$j_{QD,h} = -\frac{\sigma_h}{e}\,\mathrm{grad}\,\mu_h\,. \tag{5.9}$$

5.1.3 Gesamtladungsstrom

Wir haben den Feldstrom und den Diffusionsstrom so geschrieben, dass sie sich leicht zum Gesamtladungsstrom $j_{Q,i}$ der Teilchensorte i zusammenfassen lassen.

$$j_{Q,i} = -\frac{\sigma_i}{z_i\,e}\left\{\mathrm{grad}\,\mu_i + \mathrm{grad}\left(z_i\,e\,\varphi\right)\right\} \tag{5.10}$$

oder

$$j_{Q,i} = -\frac{\sigma_i}{z_i\,e}\,\mathrm{grad}\left(\mu_i + z_i\,e\,\varphi\right) = -\frac{\sigma_i}{z_i\,e}\,\mathrm{grad}\,\eta_i\,. \tag{5.11}$$

Im Gradienten des elektrochemischen Potenzials $\eta_i = \mu_i + z_i\,e\,\varphi$ haben wir die Einzelkräfte, die an der Teilchenzahl und an der Ladung angreifen, zu einer Gesamtkraft zusammengefasst, die im allgemeinen Fall den Gesamtstrom ergibt, wenn entweder die Konzentration der Teilchen oder ihre chemische Umgebung oder das elektrische Potenzial oder auch alle zusammen inhomogen sind.

Dieses Vorgehen ist ganz unüblich. In den meisten Büchern wird auch im allgemeinen Fall mit Feld- und Diffusionsströmen argumentiert, so, als ob es z.B. Elektronen gäbe, die nur das elektrische Feld spürten, und dafür andere, die nur zum Diffusionsstrom beitrügen.

Da im Halbleiter nur Elektronen und Löcher als bewegliche Teilchen vorkommen, ist der Gesamtladungsstrom

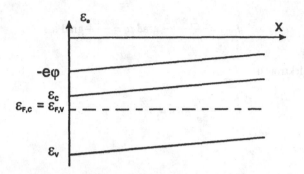

Abb. 5.4   Ortsunabhängige Fermi-Energie in einem Halbleiter, in dem sowohl ein elektrisches Feld als auch Konzentrationsgradienten von Elektronen und Löchern vorhanden sind

$$j_Q = \frac{\sigma_e}{e}\operatorname{grad}\eta_e - \frac{\sigma_h}{e}\operatorname{grad}\eta_h, \tag{5.12}$$

oder mit Hilfe der Quasi-Fermi-Energien, wobei $\varepsilon_{F,C} = \eta_e$ ist und $\varepsilon_{F,V} = -\eta_h$,

$$j_Q = \frac{\sigma_e}{e}\operatorname{grad}\varepsilon_{F,C} + \frac{\sigma_h}{e}\operatorname{grad}\varepsilon_{F,V}. \tag{5.13}$$

Diese Beziehung gilt immer, wenn entweder ein elektrisches Feld oder ein Konzentrationsgradient, oder beide vorhanden sind.
Abb.5.4 zeigt ein Beispiel, in dem sowohl ein elektrisches Feld als auch Konzentrationsgradienten von Elektronen und Löchern vorhanden sind. Nach Gleichung (5.13) ist darin trotzdem der Ladungsstrom $j_Q = 0$, weil die Fermi-Energien ortsunabhängig gewählt sind. Eine getrennte Beschreibung der Auswirkung von Feld und Konzentrationsgradient kommt zu dem Resultat, dass ein Feldstrom fließt, der von einem entgegengesetzten, gleich großen Diffusionsstrom zu Null kompensiert wird. Für den Gesamtladungsstrom ergibt sich also das gleiche Resultat. Trotzdem ist die zugrunde liegende Vorstellung falsch, dass alle Elektronen und Löcher durch ihre vom Feld erzwungene Bewegung den Feldstrom erzeugen und gleichzeitig alle Elektronen und Löcher durch eine Bewegung in die entgegengesetzte Richtung den Diffusionsstrom. Dass Feld- und Diffusionsstrom einzeln und unabhängig von einander nicht existieren, sieht man sehr gut, wenn man die Energiedissipation betrachtet, die Erzeugung Joule'scher Wärme, die mit jedem Stromfluss wegen der Streuung der Ladungsträger verbunden ist.
Die Energiedissipationsrate pro Volumen de/dt ist proportional zur Teilchen-Stromdichte und zum Antrieb. Für den Feldstrom ist damit nach Gl.(5.3)

$$\frac{de}{dt} = \frac{j_{QF,i}}{z_i e} \cdot (-\text{grad}(z_i e \varphi)) = j_{QF,i}^2 / \sigma_i \ ,$$

und für den Diffusionsstrom ist nach Gl.(5.7)

$$\frac{de}{dt} = \frac{j_{QD,i}}{z_i e} \cdot (-\text{grad} \, \mu_i) = j_{QD,i}^2 / \sigma_i \ .$$

Wie erwartet, ist in beiden Fällen die Energiedissipationsrate $de/dt > 0$, auch, wenn die Einzelströme einander entgegengerichtet sind.

Die Abb.5.4 beschreibt den Fall des thermischen und elektrochemischen Gleichgewichts der Elektronen und Löcher, wie am Beispiel des pn-Übergangs in Kapitel 6.2 ausführlich diskutiert wird. In diesem Gleichgewicht darf es keine Energiedissipation geben. In Wirklichkeit bewegen sich die Elektronen und Löcher über ihre thermisch ungeordnete Bewegung hinaus in keine Vorzugsrichtung, da sich die an ihnen angreifenden Kräfte zur Gesamtkraft grad $\varepsilon_F = 0$ addieren und es gibt keine Energiedissipation.

Diese Betrachtung zeigt, dass Feld- und Diffusionsströme als Einzelströme gar nicht existieren, und nur die Darstellung des Gesamtstroms nach Gl.(5.13) richtig ist.

Aus diesen Bemerkungen darf allerdings nicht geschlossen werden, dass eine mathematische Behandlung des Ladungstransports in Halbleitern falsch ist, die Feld- und Diffusionsströme benutzt. Mathematisch macht es keinen Unterschied, ob zuerst die Antriebe zu einem resultierenden Antrieb addiert und anschließend mit der Leitfähigkeit multipliziert werden oder ob die Antriebe erst einzeln mit der Leitfähigkeit multipliziert und dann addiert werden. Der Unterschied liegt im physikalischen Bild, das aus dem mathematischen Vorgehen folgt. Nur, wenn man erst die Antriebe zu einem resultierenden zusammenfasst, erhält man physikalisch richtige Vorstellungen von der Bewegung der Ladungsträger.

5.2 Separation der Elektronen und Löcher

Nachdem wir den Antrieb für die Bewegung der Elektronen und Löcher kennen gelernt haben, kommen wir zum ursprünglichen Problem zurück, wie eine Struktur aussehen muss, in der durch Belichten ein Ladungsstrom erzeugt wird und eine elektrische Spannung, also $\varepsilon_{F,links} - \varepsilon_{F,rechts} \neq 0$.

Beginnen wir mit einem homogen belichteten, homogenen, n-dotierten Halbleiter, also einer Struktur, in der wegen ihrer Symmetrie keine Bevorzugung für den Transport von Elektronen in die eine Richtung und von Löchern in die entgegengesetzte

Richtung vorhanden ist.

Die Abb.5.5 zeigt den Verlauf der Fermi-Energien zwischen den Bändern. Wegen einer angenommenen starken Oberflächen-Rekombination weichen die Konzentrationen von Elektronen und Löchern an den Oberflächen rechts und links trotz der Belichtung nicht von ihren Werten im Dunkeln ab. Die Fermi-Energien für Leitungs- und Valenzband, die im Innern des Halbleiters verschieden sind, laufen daher an der Oberfläche zusammen. Daraus ergeben sich Gradienten beider Fermi-Energien, die Elektronen und Löcher zu beiden Oberflächen treiben, wo sie rekombinieren. Da, schon wegen der fehlenden Anschlüsse, kein Ladungsstrom fließen darf, müssen die Teilchenströme von Elektronen und Löchern zur selben Oberfläche gleich groß sein. Wegen der größeren Elektronenleitfähigkeit des betrachteten n-Leiters ist der Gradient der Fermi-Energie $\varepsilon_{F,C}$ für das Leitungsband nach Gl.(5.13) kleiner als der Gradient von $\varepsilon_{F,V}$. In einem p-Leiter wäre es gerade umgekehrt. Diese Erkenntnis führt uns zu dem Schluss, dass sich durch Ersetzen der n-Dotierung in der rechten Hälfte durch eine p-Dotierung aus der Bedingung, dass kein Ladungsstrom fließt, der Verlauf der Fermi-Energien in Abb.5.6 ergeben muss. Wir sehen, dass sich in einer belichteten pn-Anordnung ohne Ladungsstrom, also unter offenen Klemmen, eine Differenz der Fermi-Energien an den Oberflächen einstellt.

Der Verlauf der Fermi-Energien ist ähnlich wie (bei fließendem Ladungsstrom) in der Anordnung in Abb.5.1, die sich aus der Forderung ergeben hatte, die Entropieerzeugung beim Herausfließen von Elektronen nach links und von Löchern nach rechts zu vermeiden. Die Elektronen fließen nach links, wenn ihr elektrochemisches Potenzial, die Fermi-Energie $\varepsilon_{F,C}$ nach links abnimmt. Die Löcher fließen nach rechts, wenn ihr elektrochemisches Potenzial nach rechts abnimmt, die Fermi-Energie $\varepsilon_{F,V}$ nach rechts anwächst. Obwohl der Elektronenstrom nach links und der Löcherstrom

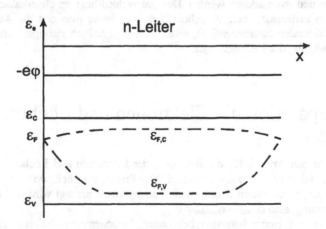

Abb. 5.5   Potenzialverteilung in einem homogenen, homogen belichteten n-dotierten Halbleiter mit starker Oberflächen-Rekombination

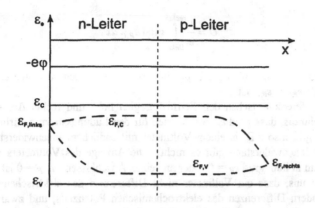

Abb. 5.6   Potenzialverlauf in einer homogen belichteten pn-Halbleiter-Struktur

nach rechts beide groß sind, sind die Gradienten der Fermi-Energien, $\varepsilon_{F,C}$ links und $\varepsilon_{F,V}$ rechts, klein, weil die Leitfähigkeiten der Elektronen im n-Leiter auf dem Weg nach links und der Löcher im p-Leiter auf dem Weg nach rechts groß sind. Die wegen des Zusammenlaufens der Fermi-Energien an den Oberflächen (bei Solarzellen an den Metallkontakten) nicht zu vermeidenden Gradienten der Fermi-Energien des Valenzbands im n-Leiter links und des Leitungsbands im p-Leiter rechts können dagegen große Werte annehmen, weil die Löcherkonzentration im n-Leiter und die Elektronenkonzentration im p-Leiter und damit ihre Leitfähigkeiten dort sehr klein sind. Das ist in Abb.5.1 besonders ausgeprägt, weil wir für die unbelichteten Halbleiter links und rechts einen größeren Bandabstand gewählt haben. Die Anordnung in Abb.5.1 stellt eine ideale Anordnung dar. Die Anordnung in Abb.5.6 ist dagegen weniger ideal, weil die Differenz der Fermi-Energien zwischen linker und rechter Oberfläche kleiner ist als die Aufspaltung im Innern. Die aus der Belichtung gewonnene chemische Energie pro Elektron-Loch Paar ($\varepsilon_{F,C} - \varepsilon_{F,V}$) kann von einem Verbraucher nicht voll genutzt werden. Das liegt an einer zu kleinen Dunkelkonzentration der Elektronen im n-Leiter und der Löcher im p-Leiter, zumindest an ihren Oberflächen. Dieser Punkt wird im nächsten Kapitel wieder aufgegriffen. Die notwendige Voraussetzung für die Existenz von Gradienten der Fermi-Energien, die Ströme treiben können (ohne von außen angelegte Spannung), ist die Aufspaltung der Fermi-Energien. Da die Stromdichte der Elektronen und Löcher höchstens gleich der Stromdichte der absorbierten Photonen ist (in Si ≤ 42 mA/(ecm^2)), ist bei üblichen Dotierungen von jeweils ($10^{16} - 10^{17}$)cm^{-3} im n- und p-Leiter nur ein sehr kleiner Gradient der Fermi-Energie der Majoritätsträger nötig. Trotz des Stromflusses bleibt von der Aufspaltung der Fermi-Energien noch ein großer Teil als Differenz der Fermi-Energien in den Anschlüssen links und rechts übrig, aus der sich die Spannung U an den Klemmen der Solarzelle ergibt,

$$U = -\frac{1}{e} \int\limits_{links}^{rechts} \text{grad } \varepsilon_{F,C} \, dx \,. \tag{5.14}$$

Genau so gut kann man über grad $\varepsilon_{F,V}$ integrieren, da in den Anschlüssen links und rechts jeweils $\varepsilon_{F,C} = \varepsilon_{F,V}$ ist.

Dass die Differenz zwischen den Fermi-Energien links und rechts $\Delta\varepsilon_F = eU$ ist, ergibt sich daraus, dass grad ε_F als Antrieb für den Ladungsstrom natürlich auch im Außenkreis gilt, also z.B. in einem Voltmeter mit endlichem Innenwiderstand (einen unendlichen Innenwiderstand gibt es nicht). Die Anzeige des Voltmeters verschwindet erst, wenn in ihm grad $\varepsilon_F = 0$ oder an seinen Anschlüssen $\Delta\varepsilon_F = 0$ ist.

Wir merken uns, dass ein Voltmeter nicht Differenzen des elektrischen Potenzials anzeigt, sondern Differenzen des elektrochemischen Potenzials, und zwar der Elektronen, da das die einzigen in ihm beweglichen Teilchen sind.

5.3 Diffusionslänge der Minoritätsladungsträger

Unser Ziel ist, dass möglichst alle bei der Absorption der Photonen erzeugten Ladungsträger aus einer Solarzelle herausfließen. Leider ist die Existenz des Antriebs für den Ladungsstrom dafür allein noch nicht ausreichend. Da die Elektronen und Löcher nach ihrer Lebensdauer rekombinieren, ist es wichtig, wie weit sie in dieser Zeit kommen. Als Transportmechanismus kommt wie bei der Struktur in Abb.5.1 vor allem die Diffusion in Frage. Das in dem noch zu behandelnden pn-Übergang vorhandene Feld ist auf einen zu kleinen Bereich lokalisiert.

Weil es sich leichter vorstellen lässt, wollen wir, wie in Abb.5.7, Elektronen mit der Stromdichte j_e als Minoritätsladungsträger in x-Richtung in einen p-Leiter injizieren. In y- und z-Richtung sei das System weit ausgedehnt und homogen. Dabei soll sich der p-Leiter nicht negativ aufladen. Wir werden im nächsten Abschnitt sehen, dass die mit den Elektronen injizierte Ladung durch Umordnung der Löcher sehr schnell beseitigt ist, ohne dass dadurch die Elektronen als Teilchen beseitigt werden.

Wir benutzen für die stationäre Verteilung in x-Richtung der zusätzlichen injizierten Elektronen die Kontinuitätsgleichung

$$\frac{\partial n_e}{\partial t} = G_e - R_e - \text{div } j_e = 0 \,. \tag{5.15}$$

Für den Teilchen-Diffusionsstrom gilt

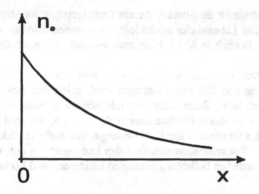

Abb. 5.7   Konzentrationsverteilung der Elektronen bei der Diffusion als Minoritätsladungsträger in einen p-Leiter

$$j_e = -D_e \frac{dn_e}{dx} \ . \qquad \text{und} \qquad \text{div } j_e = -D_e \frac{d^2 n_e}{dx^2}$$

Im p-Leiter ist $G_e = G_e^0 = \dfrac{n_e^0}{\tau_e}$ und $R_e = \dfrac{n_e(x)}{\tau_e} = \dfrac{n_e^0}{\tau_e} + \dfrac{\Delta n_e(x)}{\tau_e}$.

Damit wird aus der Dgl.(5.15)

$$-\frac{\Delta n_e(x)}{\tau_e} + D_e \frac{d^2 \Delta n_e(x)}{dx^2} = 0 \ . \tag{5.16}$$

Die Lösung ist von der Form

$$\Delta n_e(x) = \Delta n_e(0) e^{-x/L_e} \ . \tag{5.17}$$

Die charakteristische Länge L_e ist die Diffusionslänge (hier der Elektronen). Durch Einsetzen in Gl.(5.16) finden wir

$$L_e = \sqrt{D_e \cdot \tau_e} \ . \tag{5.18}$$

Für Elektronen in reinem Silizium ist D_e = 35 cm²/s. Bei einer Lebensdauer von z.B. τ_e = 10^{-6} s ist die Diffusionslänge L_e = 60 μm. In sehr sauberem Silizium werden Diffusionslängen der Elektronen von einigen Millimetern erreicht.

Die Diffusionslänge ist die Strecke, die ein Ladungsträger im Mittel bei der Diffusion während seiner Lebensdauer zurücklegt. Es kommen also nur die Elektronen aus dem belichteten Bereich in Abb.5.1 bis zum n-Leiter, die innerhalb einer Diffusionslänge erzeugt werden.

Wenn die Elektronen einmal im n-Leiter sind, also in einem Gebiet, in dem der Ladungsstrom allein von Elektronen getragen wird, spielt ihre Rekombination für den Ladungstransport keine Rolle mehr. Sie rekombinieren zwar im n-Leiter, ihre Ladung wird durch die Rekombination aber nicht beseitigt. Sie wird von anderen Elektronen wegen des Gradienten der Fermi-Energie, der auf alle Elektronen wirkt, weiter transportiert. Rekombination reduziert den Ladungsstrom nur, wenn sie zwischen den von der zusätzlichen Belichtung erzeugten Elektronen und Löchern statt findet.

5.4 Dielektrische Relaxation

Wir hatten im vorigen Paragraphen bei der Diffusion von Elektronen in einen gut leitenden p-Leiter die von der Ladung der Elektronen herrührende Ausbildung von Raumladung und ihre Rückwirkung auf den Transport der Elektronen vernachlässigt. Die Begründung dafür leiten wir her für ein hypothetisches System, einen sonst völlig homogenen Leiter mit Leitfähigkeit σ, in dem zum Zeitpunkt $t = 0$ lediglich eine Raumladung $\rho_Q(x)$ existiert, und untersuchen, wie schnell diese über das von ihr erzeugte Feld durch den Ladungsstrom j_Q abgebaut wird.

Die Kontinuitätsgleichung für die Ladung lautet

$$\frac{\partial \rho_Q}{\partial t} = -\operatorname{div} j_Q . \tag{5.19}$$

Weil die Ladung unter allen Umständen erhalten bleibt, fehlen Erzeugungs- und Vernichtungsraten.

Über eine der Maxwell-Gleichungen ist ρ_Q mit der elektrischen Feldstärke E verknüpft

$$\operatorname{div} D = \varepsilon \, \varepsilon_0 \operatorname{div} E = \rho_Q . \tag{5.20}$$

Das elektrische Feld erzeugt einen Ladungsstrom $j_Q = \sigma E$, woraus folgt

$$\operatorname{div} j_Q = \sigma \operatorname{div} E + E \operatorname{grad} \sigma . \tag{5.21}$$

Wegen der vorausgesetzten Homogenität ist grad $\sigma = 0$. Setzen wir Gl.(5.21) in Gl.(5.19) ein und ersetzen div E aus Gl.(5.20), dann ist

$$\frac{\partial \rho_Q}{\partial t} = -\sigma \operatorname{div} E = -\frac{\sigma}{\varepsilon \varepsilon_0} \rho_Q \qquad (5.22)$$

mit der Lösung

$$\rho_Q(t) = \rho_Q(0) \exp\left(-\frac{t}{\frac{\varepsilon \varepsilon_0}{\sigma}}\right). \qquad (5.23)$$

$\varepsilon\varepsilon_0/\sigma$ ist die sogenannte dielektrische Relaxationszeit. Ist sie klein gegen die Lebensdauer von Ladungsträgern, dann ist deren Bewegung im wesentlichen raumladungsfrei. In dem Beispiel der Diffusion von Elektronen in den p-Leiter der Abb.5.7 zieht ihre Ladung zur Ladungskompensation durch dielektrische Relaxation Majoritätsträger (Löcher) von den Kontakten in den p-Leiter hinein. In n-Silizium mit einer Dotierung von 10^{17} cm^{-3}, einer Elektronenbeweglichkeit von $b_e = 1000$ cm^2/Vs und $\varepsilon = 12$ ist die dielektrische Relaxationszeit $\varepsilon\varepsilon_0/\sigma = 6 \cdot 10^{-14}$ s und damit um viele Größenordnungen kleiner als die Lebensdauern.

5.5 Ambipolare Diffusion

Bei der Behandlung der Diffusion in Kapitel 5.3 hatten wir vorausgesetzt, dass die diffundierenden Teilchen Minoritätsträger waren, ihre Konzentration also klein gegen die der Majoritätsträger, die deswegen die von den Minoritätsträgern herrührende Raumladung durch dielektrische Relaxation vollständig beseitigen konnten. Jetzt wollen wir den Fall behandeln, dass Elektronen und Löcher durch Belichtung an der Oberfläche erzeugt werden und beide in Konzentrationen, die groß gegen die Dunkelkonzentrationen sind, von der Oberfläche weg ins Innere diffundieren. Wir nehmen einmal an, dass die Elektronen den größeren Diffusionskoeffizienten haben und sich daher schneller bewegen und weiter kommen. Elektronen und Löcher trennen sich daher teilweise. Es bildet sich eine Verteilung von Raumladung mit positiver Ladung der zurückbleibenden Löcher an der Oberfläche und negativer Ladung der Elektronen im Innern. Das von dieser Ladungsverteilung herrührende elektrische Feld ist so gerichtet, dass es die Bewegung von Löchern und Elektronen angleicht, die Elektronen bremst und die Löcher antreibt. Diese bei inhomogener starker Anregung auftretende gekoppelte Diffusion beider Ladungsträgerarten nennt man ambipolare Diffusion. Weil sich dabei Elektronen und Löcher mit gleicher Geschwindigkeit in dieselbe Richtung bewegen, ist mit der ambipolaren Diffusion kein Ladungsstrom verbunden.

Der Teilchenstrom der Elektronen ist

$$j_e = -D_e \operatorname{grad} n_e - \frac{\sigma_e}{e} E$$

und der der Löcher ist

$$j_h = -D_h \operatorname{grad} n_h + \frac{\sigma_h}{e} E .$$

Da der Ladungsstrom verschwindet, finden wir aus

$$j_Q = eD_e \operatorname{grad} n_e - eD_h \operatorname{grad} n_h + (\sigma_e + \sigma_h)E = 0 \qquad (5.24)$$

das mit der ambipolaren Diffusion verknüpfte elektrische Feld

$$E = \frac{e}{\sigma_e + \sigma_h}(D_h \operatorname{grad} n_h - D_e \operatorname{grad} n_e) . \qquad (5.25)$$

Wegen dieses Feldes bewegen sich die Elektronen und Löcher gleich schnell und es ist $j_e = j_h$. Schon geringe Unterschiede in den Konzentrationen erzeugen durch die damit verbundene Raumladung große Feldstärken, deshalb ist grad $n_e \approx$ grad $n_h =$ grad n und mit dem Feld E finden wir für den Teilchenstrom

$$j_e = j_h = -\frac{D_e \sigma_h + D_h \sigma_e}{\sigma_e + \sigma_h} \operatorname{grad} n . \qquad (5.26)$$

Da das die Form der Gleichung für den Diffusionsstrom hat, definiert man $D_{amb} = (D_e \sigma_h + D_h \sigma_e) / (\sigma_e + \sigma_h)$ als den ambipolaren Diffusionskoeffizienten.

5.6 Dember-Effekt

Zum Schluss dieses Kapitels soll ein Beispiel behandelt werden, das zeigt, wie wichtig es ist, zwischen elektrischen Potenzialdifferenzen und elektrochemischen Potenzialdifferenzen zu unterscheiden.

Wir wollen die elektrische Potenzialdifferenz ausrechnen, die von dem durch die ambipolare Diffusion verursachten elektrischen Feld herrührt. Es gelten also wieder die gleichen Voraussetzungen der starken und inhomogenen Anregung wegen der die Minoritätsträgerdichte größer ist als die Majoritätsträgerdichte im Dunkeln. Wir drücken die Diffusionskoeffizienten in Gl.(5.25) mit Hilfe der Einsteinrelation $D_i = b_i \, kT/e$ aus und finden mit der Näherung, dass Elektronen und Löcher gleich verteilt sind (grad $n_e \approx$ grad n_h) und nach Erweiterung von Zähler und Nenner mit $e(b_e + b_h)$

$$E = \frac{kT}{e} \frac{b_h - b_e}{b_e + b_h} \frac{\text{grad}(\sigma_e + \sigma_h)}{\sigma_e + \sigma_h} = \frac{kT}{e} \frac{b_h - b_e}{b_e + b_h} \, \text{grad} \ln(\sigma_e + \sigma_h) \qquad (5.27)$$

Mit $E = -\text{grad}\,\varphi$ finden wir nach Integration die durch die Belichtung erzeugte elektrische Potenzialdifferenz zwischen der Oberfläche ($x = 0$) und dem Inneren des Halbleiters ($x = \infty$), die sogenannte Dember-Spannung

$$\Delta\varphi_D = \varphi(0) - \varphi(\infty) = \frac{kT}{e} \frac{b_e - b_h}{b_e + b_h} \ln \frac{\sigma_e(0) + \sigma_h(0)}{\sigma_e(\infty) + \sigma_h(\infty)}. \qquad (5.28)$$

Im konkreten Fall, dass Elektronen und Löcher von der Oberfläche eines Halbleiters, wo sie erzeugt werden, ins Innere diffundieren, wobei die Elektronen beweglicher sein sollen ($b_e > b_h$), lädt sich die Oberfläche positiv auf und hat gegen das Innere die Potenzialdifferenz $\Delta\varphi_D$.

Um das Wesen des Dember-Effekts richtig zu verstehen, betrachten wir den Fall, dass die Elektronen beweglich, die Löcher aber unbeweglich ($b_h = 0$, $\sigma_h = 0$) sind. Die Dember-Spannung erreicht dann ihren maximalen Wert

$$\Delta\varphi_D = \frac{kT}{e} \ln \frac{n_e(0)}{n_e(\infty)}. \qquad (5.29)$$

Für diesen Spezialfall sehen wir jedoch leicht, dass diese elektrische Potenzialdifferenz nicht als stationäre elektrische Spannung messbar ist. Bei unbeweglichen Löchern entspricht dem bei den offenen Klemmen einer Spannungsmessung verschwindenden Ladungsstrom ein verschwindender Elektronen-Teilchenstrom. Nach Gl.(5.12) hat dann das elektrochemische Potenzial der Elektronen η_e überall den gleichen Wert. Eine messbare Spannung als Differenz elektrochemischer Potenziale tritt also nicht auf. Abb.5.8 zeigt die Potenzialverteilung. Die elektrische Potenzialdifferenz in Gl.(5.29) kann direkt an den Abständen zwischen der Unterkante des Leitungsbands ε_C und der Fermi-Energie $\varepsilon_{F,C}$ in Abb.5.8 abgelesen werden. Ihr Wert in Gl.(5.29) setzt also voraus, dass die Fermi-Energie überall gleich groß ist, und keine Spannung messbar ist.

Eine Dember-Potenzialdifferenz tritt immer auf, wenn die Erzeugung von Elektronen und Löchern inhomogen ist und sie unterschiedlich gut diffundieren, ihre Beweglichkeiten also verschieden sind. Wie zu erwarten verschwindet sie, wenn Elektronen und Löcher gleiche Beweglichkeiten haben, und sie ist maximal, wenn eine Trägersorte unbeweglich ist.

Der Dember-Effekt verliert weiter an Bedeutung, wenn man ihn in einem Halbleiter

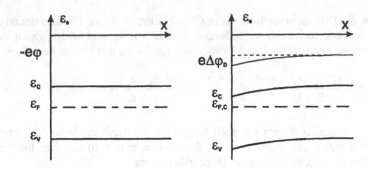

Abb. 5.8 Potenzialverteilung (links) im Dunkeln und (rechts) bei Belichtung der freien linken Oberfläche eines Halbleiters, in dem nur die Elektronen beweglich sind

mit Metallkontakten betrachtet. Ein Konzentrationsgradient, so wie in unserem Beispiel vorausgesetzt, kann sich nur an einer Oberfläche ausbilden, deren Rekombinationsgeschwindigkeit nicht besonders groß ist. Berücksichtigt man, dass Spannungen zwischen Metallkontakten gemessen werden, an denen wegen der großen Oberflächen-Rekombinationsgeschwindigkeit die Elektronen- und Löcherdichten auch bei Belichtung unverändert bleiben, dann ergibt sich für unbewegliche Löcher die Potenzialverteilung in Abb.5.9. Hierzu wurde die Erzeugung der Elektron-Loch Paare auf einen kleinen Bereich in der Nähe der Oberfläche ausgedehnt, um überhaupt Konzentrationsänderungen sehen zu können. Wieder sieht man elektrische Potenzialdifferenzen zwischen Orten, von denen die Elektronen wegdiffundieren und Orten, zu denen sie hindiffundieren. Wegen der unveränderten Konzentrationen an den Metallkontakten erzeugt der Dember-Effekt zwischen den Metallkontakten jedoch bei nur einer beweglichen Ladungsträgersorte weder eine elektrische noch eine elektrochemische Potenzialdifferenz.

Wir schließen aus der Behandlung des Dember-Effekts, dass es keine durch Belichtung hervorgerufene elektrochemische Potenzialdifferenz gibt, wenn nur eine Sorte von Ladungsträgern beweglich ist und diese nach der Fermi-Statistik auf die Zustände verteilt sind. Diese Einschränkung auf die Fermi-Verteilung ist nötig, um die Photoemission von Elektronen aus Halbleitern und Metallen ins Vakuum (oder in andere Medien), die messbare Spannungen erzeugt, nicht mit einzuschließen.

Für eine Spannung, die von Fermi-verteilten Ladungsträgern herrührt, werden mindestens zwei verschiedene, bewegliche Trägersorten benötigt. Das gilt sehr allgemein. Bei Solarzellen sind das Elektronen und Löcher, bei einer Batterie sind das Elektronen und Ionen.

Für die bisherige Betrachtung war die Unterscheidung von elektrischen und elektrochemischen Potenzialdifferenzen wichtig. Wir betonen noch einmal den wesentlichen Unterschied:

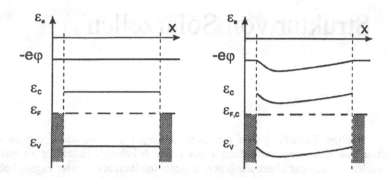

Abb. 5.9 Potenzialverteilung in einem Halbleiter mit Metallkontakten, in dem nur die Elektronen beweglich sind, im Dunkeln (links) und bei Belichtung der linken Oberfläche (rechts).

Elektrochemische Potenzialdifferenzen sind als **stationäre** Spannungen messbar, die mit Strömen zusammenhängen. Weil die Ströme durch Gradienten der elektrochemischen Potenziale getrieben werden, sind die stationär messbaren Spannungsabfälle, die sie an Widerständen hervorrufen, elektrochemische Potenzialdifferenzen.

Im Gegensatz dazu haben elektrische Potenzialdifferenzen, wie schon ihr Zusammenhang mit der Ladungsdichte in der Poisson-Gleichung zeigt, mit der Ladungsverteilung zu tun. Durch deren zeitliche Änderung können messbare Spannungen erzeugt werden, die allerdings **instationär** sind. Als Beispiel wählen wir den Dember-Effekt an einer belichteten, nicht kontaktierten, freien Oberfläche eines Halbleiters, der auf der nicht belichteten Rückseite einen mit einem Pol eines Spannungsmessers verbundenen Kontakt hat. Der zweite Pol des Spannungsmessers sei mit einer durchsichtigen, leitenden Schicht verbunden, die sich in geringem Abstand vor der belichteten Oberfläche befindet. In dieser Anordnung ist der Spannungsmesser kapazitiv an den Halbleiter gekoppelt. Wird beim Einschalten der Belichtung die Oberfläche des Halbleiters positiv gegen das Innere aufgeladen, dann lädt sich die über den Spannungsmesser mit dem hinteren Kontakt des Halbleiters verbundene durchsichtige Elektrode negativ auf und der Spannungsmesser zeigt eine Spannung an, deren Größe aus der Serienschaltung der Kapazität von durchsichtiger Elektrode und Oberfläche und der Kapazität zwischen der positiven und der negativen Ladung im Halbleiter folgt. Wichtig ist, dass die angezeigte Spannung **instationär** ist und nach der RC-Zeit des Messkreises im Spannungsmesser abgeklungen ist.

So, wie elektrochemische Potenzialdifferenzen sich entsprechend der Größe von hintereinander geschalteten Widerständen verteilen, durch die der gleiche Strom fließt, so verteilen sich elektrische Potenzialdifferenzen entsprechend der (reziproken) Größe von hintereinander geschalteten Kapazitäten, die die gleiche Ladung tragen.

6 Struktur von Solarzellen

Um die richtige Vorstellung von den Anforderungen zu bekommen, die an die Entnahme von Elektronen und Löchern aus einem belichteten Halbleiter zu stellen sind, wollen wir uns erst einem ähnlichen, unserer Intuition aber besser zugänglichen Problem zuwenden. Die Abbildung 6.1 zeigt eine hypothetische Zelle, in der Wasser (H_2O) durch Absorption energiereicher Photonen in Wasserstoff (H_2) und Sauerstoff (O_2) gespalten wird. Dadurch steigt der Druck von Wasserstoff und Sauerstoff in dem Gefäß oberhalb des Wassers an. Wenn kein Wasserstoff und Sauerstoff entnommen wird, also im Leerlauf unter stationären Bedingungen erreichen die Partialdrücke Werte, bei denen die Rückreaktion, nämlich die Rekombination von Wasserstoff und Sauerstoff zu Wasser mit der gleichen Rate abläuft wie die Spaltung. Es ist offensichtlich, dass die Partialdrücke umso kleiner sind, je wahrscheinlicher die Rückreaktion ist. An einem Katalysator, z.B. einer großen Platinoberfläche, ist die Rückreaktion so wahrscheinlich, dass trotz der zusätzlichen Erzeugung von Wasserstoff und Sauerstoff durch die Wasserspaltung die Partialdrücke kaum von ihren Gleichgewichtswerten, die sie ohne Belichtung haben, abweichen.

Die bei der Wasserspaltung erzeugten Gase wollen wir getrennt entnehmen und mit möglichst großer chemischer Energie. Ohne Herleitung nehmen wir hier zur Kennt-

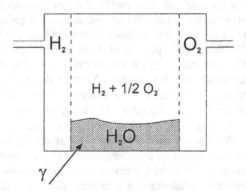

Abb. 6.1 Chemische Zelle, in der Wasser durch Absorption von Photonen in Wasserstoff und Sauerstoff gespalten wird. Durch Membranen, die jeweils nur für Wasserstoff oder Sauerstoff durchlässig sind, können Wasserstoff und Sauerstoff getrennt entnommen werden.

nis, dass die mit Sauerstoff und Wasserstoff entnehmbare chemische Energie umso größer ist, je größer die Teilchenkonzentrationen und damit die Partialdrücke der Gase sind. Wie aber können wir aus dem Gemisch der Gase im Reaktionsgefäß die Gase getrennt entnehmen? Dazu brauchen wir Membranen, die nur für jeweils eine Teilchensorte durchlässig sind. Ist der Partialdruck und damit das chemische Potenzial einer Teilchensorte im Reaktionsgefäß größer als draußen, dann strömt diese Teilchensorte aus dem Gefäß. Bei guter Durchlässigkeit der Membran reicht dazu ein kleiner Unterschied im chemischen Potenzial. Die bei der Wasserspaltung gewonnene chemische Energie ist am größten im Leerlauf, wenn keine Teilchen entnommen werden, sondern alle rekombinieren. Ohne Teilchenstrom kann allerdings auch keine chemische Energie entnommen werden. Durch die Entnahme von Teilchen sinken deren Partialdrücke. Im anderen Grenzfall, wenn alle erzeugten Teilchen entnommen werden und keine rekombinieren, dann haben die Partialdrücke ihre Gleichgewichtswerte und es wird mit den Teilchenströmen keine chemische Energie geliefert. Für einen maximalen chemischen Energiestrom müssen wir daher Rekombination in Kauf nehmen.

Bei der Konversion von chemischer Energie in elektrische Energie muss eine Anordnung gefunden werden, bei der auf einer Seite die Löcher herausfließen sollen und auf der anderen Seite die Elektronen. Die Lösung dieses Problems ist fast identisch mit der Gewinnung von Wasserstoff und Sauerstoff aus der chemischen Reaktionszelle. Gesucht werden jetzt Membranen für Elektronen, die Elektronen gut leiten und Löcher schlecht und Membranen für Löcher, die Löcher gut leiten und Elektronen schlecht. Wir wollen verschiedene Anordnungen, die diese Bedingungen erfüllen, besprechen. Besonders ausführlich untersuchen wir den pn-Übergang wegen seiner technischen Bedeutung und wegen seines Modellcharakters auch für andere Strukturen.

6.1 Farbstoffsolarzelle

Ein sehr gutes Beispiel für die Realisation der geforderten Solarzellenstruktur, mit Barrieren für Elektronen zur einen Seite und für Löcher zur anderen Seite, ist die elektrochemische Farbstoffsolarzelle, deren Aufbau die Abb.6.2 zeigt.[6] Der "Halbleiter", in dem durch Absorption von Photonen Elektron-Loch Paare erzeugt werden, ist eine Farbstoffschicht. Da die Elektronen und Löcher in der Farbstoffschicht sehr kleine Beweglichkeiten haben, muss sie sehr dünn sein, damit die Ladungsträger die Kontakte während ihrer Lebensdauer erreichen können.
Der Farbstoff wird als nur monomolekulare Schicht auf gut n-leitendes TiO_2 aufge-

---

[6] B. O'Reagan, M. Grätzel, Nature **353** (1991) 737

bracht. Die Abb.6.2 zeigt, dass im Farbstoff angeregte Elektronen ohne Schwierig-
keiten ins Leitungsband des TiO_2 gelangen. Wegen des großen Bandabstands von
TiO_2 von mehr als 3 eV finden die Löcher des Farbstoffs für den Übergang ins
Valenzband des TiO_2 jedoch eine hohe Barriere vor.
Die für einen guten Ladungsübertritt aus dem Farbstoff nötige monomolekulare
Ausbildung der Farbstoffschicht hat allerdings den Nachteil, dass die Absorption der
Photonen schlecht ist; ihre Eindringtiefe $1/\alpha$ groß gegen die Farbstoffdicke. Um
diesen Nachteil zu beseitigen, wird die TiO_2-Schicht aus nur einige nm großen Parti-
keln in einer porösen Struktur aufgebaut. Alle TiO_2-Partikel sind auf ihren freien
Oberflächen mit Farbstoff beschichtet, so dass durch viele aufeinander folgende
Farbstoffschichten eine vollständige Absorption der absorbierbaren Photonen erreicht wird.
Durch die poröse Struktur wird allerdings die Kontaktierung des Farbstoffs mit einem p-Leiter, über den die Löcher herausfließen können, sehr erschwert. Dieses
Problem wird durch einen Elektrolyten gelöst, der in alle Poren dringt. Den Ladungstransport besorgen Jod-Ionen eines Jod-Redoxsystems (J^-/J_3^-). Die Energie
eines Elektrons im J ist wenig verschieden von der Energie eines Elektrons im
Grundzustand des Farbstoffs, so dass ein Herausfließen des Lochs vom Farbstoff in
den Elektrolyten leicht möglich ist. Ein Herausfließen des angeregten Elektrons aus
dem Farbstoff in den Elektrolyten ist dagegen nicht möglich, weil der Elektrolyt
keine Zustände mit der Energie des angeregten Elektrons besitzt.
Diese elektrochemische Zelle erfüllt auf den ersten Blick in fast idealer Weise die

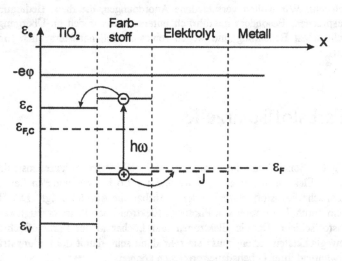

Abb. 6.2   Farbstoffsolarzelle, in der die Elektron-Loch Paare in dem Farbstoff
Rutheniumbipyridil erzeugt werden. Die Elektronen fließen nach links
über den n-Leiter TiO_2 ab, die Löcher nach rechts über Jod-Ionen, mit
denen der Elektrolyt Acetonitril dotiert ist.

Bedingungen für den selektiven Transport der Elektronen nach links ins TiO_2 und der Löcher nach rechts in den Elektrolyten. Neben der direkten Rekombination, dem Übergang eines Elektrons aus dem angeregten Zustand des Farbstoffs in den Grundzustand, gibt es aber noch die Rekombination über einen Umweg, die man auch als internen Kurzschluss ansehen kann. Elektronen, die nach der Anregung ins Leitungsband des TiO_2 geflossen sind, können über Oberflächenzustände der TiO_2-Partikel direkt oder über das Redoxsystem wieder in den Grundzustand des Farbstoffs gelangen. Es ist deshalb noch ungewiss, ob mit der Farbstoffsolarzelle schon eine praktisch verwendbare Solarzelle gefunden ist. Die Absorption des Farbstoffs muss auf einen größeren Spektralbereich ausgedehnt werden; seine Stabilität über einen Zeitraum von 20 Jahren gegen Zersetzungsreaktionen und ein denkbares Auslaufen oder Austrocknen des Elektrolyten sind weitere, noch nicht geklärte Probleme.

6.2 Der pn-Übergang

Die im vorigen Kapitel besprochene optimale Struktur einer Solarzelle ist auch in kommerziellen Solarzellen aus kristallinem Silizium näherungsweise realisiert. Ein mit $n_A = (10^{15} - 10^{16}) / cm^3$ nicht sehr hoch dotierter, etwa 300 µm dicker p-Bereich grenzt auf der dem Licht zugewandten Seite an eine weniger als 1 µm dünne, hoch dotierte n-Schicht und auf der Rückseite an eine ebenfalls dünne, hoch dotierte p-Schicht. Der pn-Übergang, in dessen Nähe die Elektronen und Löcher erzeugt werden, ist für die Solarzelle besonders wichtig; ihn wollen wir näher untersuchen.

6.2.1 Elektrochemisches Gleichgewicht der Elektronen im Dunkeln in einem pn-Übergang

Im Temperaturgleichgewicht mit der Umgebung, auch der 300 K Umgebungsstrahlung, darf in einem pn-Übergang ohne äußere Energiequelle kein Strom fließen. Also gilt

$$1. \qquad j_Q = 0$$

und wegen des chemischen Gleichgewichts mit der 300 K Strahlung

$$2. \qquad \eta_e + \eta_h = \mu_\gamma = 0 .$$

j_Q ist nach Gl.(5.12)

$$j_Q = \frac{\sigma_e}{e}\operatorname{grad}\eta_e - \frac{\sigma_h}{e}\operatorname{grad}\eta_h = 0.$$

Aus 2. folgt grad $\eta_e = -$ grad η_h und damit

$$j_Q = \frac{\sigma_e + \sigma_h}{e}\operatorname{grad}\eta_e = 0.$$

Da $\sigma_e + \sigma_h \neq 0$, ist grad $\eta_e = 0$.
Damit hat das elektrochemische Potenzial der Elektronen η_e (wie auch das elektrochemische Potenzial der Löcher η_h) überall im pn-Übergang im Dunkeln denselben Wert. Das ist die Aussage des elektrochemischen Gleichgewichts von Elektronen im n-Gebiet mit Elektronen im p-Gebiet.
Insbesondere gilt für die elektrochemischen Potenziale, wenn ein hochgestelltes p Größen im p-Gebiet und ein hochgestelltes n Größen im n-Gebiet kennzeichnet,

$$\eta_e^p = \mu_{e,0}^p + kT\ln\frac{n_e^p}{N_C} - e\,\varphi^p = \eta_e^n = \mu_{e,0}^n + kT\ln\frac{n_e^n}{N_C} - e\,\varphi^n. \qquad (6.1)$$

Da nur ein sehr kleiner Teil der Halbleiteratome durch Dotieratome ersetzt wurde, bleibt die chemische Umgebung für ein freies Elektron oder Loch, die den Wert von $\mu_{e,0}$ bestimmt, unverändert.
Mit $\mu_{e,0}^p = \mu_{e,0}^n$ wird die Differenz der elektrischen Potenziale von p-Leiter und n-Leiter

$$\varphi^n - \varphi^p = \frac{kT}{e}\ln\frac{n_e^n}{n_e^p}.$$

Mit $n_e^n = n_D$ und $n_e^p = \frac{n_i^2}{n_A}$ wird diese, auch Diffusionsspannung genannte, Potenzialdifferenz

$$\varphi^n - \varphi^p = \frac{kT}{e}\ln\frac{n_D\,n_A}{n_i^2}. \qquad (6.2)$$

Man kann sich diese Potenzialdifferenz folgendermaßen zu Stande gekommen denken. Die noch räumlich getrennten und elektrisch neutralen p-Leiter und n-Leiter haben dasselbe elektrische Potenzial. Wegen des größeren chemischen Potenzials der Elektronen im n-Leiter (der Löcher im p-Leiter) fließen beim Kontakt der beiden Diffusionsströme der Elektronen vom n-Leiter in den p-Leiter und der Löcher vom p-Leiter in den n-Leiter. Das führt zur positiven Aufladung des n-Leiters und zur negativen des p-Leiters. Die Diffusionsströme fließen so lange, bis sich eine elektrische Potenzialdifferenz $\varphi^n - \varphi^p$ ausgebildet hat, bei der $\eta_e^p = \eta_e^n$ ist, so dass mit grad $\eta_e = 0$ und grad $\eta_h = 0$ der Antrieb verschwindet und der Ladungsstrom zum Stillstand kommt. Im elektrochemischen Gleichgewicht, in dem der Gradient der elektrischen Energie durch den Gradienten der chemischen Energie kompensiert wird, befinden sich die Elektronen und Löcher in der gleichen Lage wie die Moleküle in der Luft. Auf diese wirken auch zwei entgegen gerichtete Kräfte, die sich kompensieren, die Gravitationskraft nach unten und der Gradient des chemischen Potenzials, hervorgerufen durch den Druckgradienten, nach oben. Die Bewegung, die die Moleküle wie die Elektronen und Löcher in diesem Kräftegleichgewicht noch machen, ist die ungeordnete Brownsche Molekularbewegung.

6.2.2 Potenzialverlauf im pn-Übergang

Die Potenzialdifferenz $\varphi^n - \varphi^p$ beruht auf dem elektrochemischen Gleichgewicht der Elektronen im n- und p-Gebiet. Über welchen Bereich sich die Potenzialänderung im n-Leiter und im p-Leiter erstreckt, folgt aus der Verknüpfung mit der Ladungsverteilung.

Aus der Maxwell-Gleichung

$$\operatorname{div} D = \rho_Q$$

folgt mit $D = \varepsilon \varepsilon_0 E$ und $E = - \operatorname{grad} \varphi$ die Poisson-Gleichung

$$\operatorname{div} E = - \operatorname{div} \operatorname{grad} \varphi = - \nabla^2 \varphi = \frac{\rho_Q}{\varepsilon \varepsilon_0}. \tag{6.3}$$

Die Grenzfläche zwischen n- und p-Gebiet sei in y- und z-Richtung weit ausgedehnt. Das macht eine 1-dimensionale Behandlung möglich

$$\frac{d^2 \varphi}{dx^2} = - \frac{\rho_Q}{\varepsilon \varepsilon_0}. \tag{6.4}$$

Im n-Gebiet ist die Raumladungsdichte

$$\rho_Q^n (x) = e \left(n_D^+ - n_e (x) \right) = e \, n_D^+ \left(1 - \exp \left\{ \frac{e \left[\varphi(x) - \varphi^n \right]}{kT} \right\} \right). \tag{6.5}$$

Diese Beziehung liest man am besten aus Abb.6.3 ab, die schematisch den Potenzialverlauf und die Ladungsverteilung zeigt.

Leider ist mit dieser Raumladungsdichte die Poisson-Gleichung nur numerisch lösbar. Nach Schottky nähern wir die Ladungsverteilung durch räumlich konstante Raumladungsdichten, die sich über noch unbekannte Tiefen w_n ins n-Gebiet und w_p ins p-Gebiet erstrecken, wie in Abb.6.3 gezeigt.

$$\rho_Q^n = e n_D^+ \approx e n_D \qquad \text{für} \qquad -w_n < x \leq 0$$

$$\rho_Q^p = -e n_A^- \approx -e n_A \qquad \text{für} \qquad 0 \leq x < w_p .$$

Die Summe der Ladungen, $Q_n = e n_D w_n$ im n-Gebiet und $Q_p = -e n_A w_p$ im p-Gebiet, ist $Q_n + Q_p = 0$, und die elektrische Feldstärke ist nur zwischen $-w_n$ und w_p von Null verschieden. Damit ist

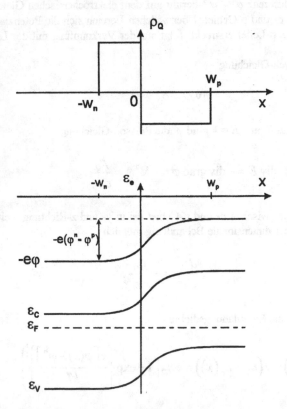

Abb. 6.3   Verteilung der Raumladungsdichte ρ_Q und Verlauf der elektrischen Energie pro Elektron $-e\varphi$ in einem pn-Übergang

$$w_p = \frac{n_D}{n_A} w_n \tag{6.6}$$

und die Gesamtdicke der Raumladungszonen ist

$$w = w_n + w_p = \left(1 + \frac{n_D}{n_A}\right) w_n. \tag{6.7}$$

Die Integration der Poisson-Gleichung (6.4) über $\rho_Q{}^n$ im Bereich $-w_n < x \le 0$ des n-Gebiets ergibt mit den Randbedingungen für das elektrische Feld $E(-w_n) = 0$ und für das elektrische Potenzial $\varphi(-w_n) = \varphi^n$

$$\varphi_n(x) = -\frac{e n_D}{2 \varepsilon \varepsilon_0}(x + w_n)^2 + \varphi^n, \tag{6.8}$$

und über $\rho_Q{}^p$ im Bereich $0 \le x < w_p$ des p-Gebiets mit den Randbedingungen $E(w_p) = 0$ und $\varphi(w_p) = \varphi^p$

$$\varphi_p(x) = \frac{e n_A}{2 \varepsilon \varepsilon_0}(x - w_p)^2 + \varphi^p. \tag{6.9}$$

Für die vorgegebene Ladungsverteilung ist das Potenzial überall stetig, auch bei $x = 0$.
Aus $\varphi_n(0) = \varphi_p(0)$ folgt

$$\varphi^n - \varphi^p = \frac{e}{2 \varepsilon \varepsilon_0}\left(n_D w_n^2 + n_A w_p^2\right). \tag{6.10}$$

Daraus lässt sich mit Hilfe von Gl.(6.6) und Gl.(6.7) die Gesamtdicke w des Raumladungsbereichs bestimmen, da ja $\varphi^n - \varphi^p$ durch das elektrochemische Gleichgewicht nach Gl.(6.2) bekannt ist

$$w = \sqrt{\frac{2 \varepsilon \varepsilon_0}{e} \frac{n_A + n_D}{n_A n_D}\left(\varphi^n - \varphi^p\right)}. \tag{6.11}$$

Für den unsymmetrischen pn-Übergang einer Si-Solarzelle mit $n_D = 10^{19} / \text{cm}^3$ und $n_A = 10^{16} / \text{cm}^3$ ist nach Gl.(6.6) die Raumladungszone im p-Gebiet viel dicker als im n-Gebiet. Ihre Ausdehnung w_p ist praktisch gleich der Gesamtdicke w, die für die angegebenen Dotierungen einen Wert von $w = 0.35$ μm hat. Über diese Strecke ändert sich das Potenzial nach Gl.(6.2) um $\varphi^n - \varphi^p = 0.9$ V. Zumindest für kristallines Silizium ist die Ausdehnung der Raumladungszonen vernachlässigbar klein gegen die Diffusionslängen.

Bei der Diskussion der für eine Solarzelle notwendigen Struktur war eine wichtige Bedingung, dass beim Abfluss der Elektronen in den n-Leiter und der Löcher in den p-Leiter die Entropie pro Elektron auf der n-Seite und die Entropie pro Loch auf der p-Seite nicht ansteigen dürfen. Daraus folgt, dass die Dichte der Elektronen im n-Leiter (der Löcher im p-Leiter) zumindest an der Grenzfläche zum Kontakt nicht kleiner sein darf als im Innern der Solarzelle. Wegen der großen Oberflächen-Rekombination am Metallkontakt ist dort die Elektronendichte auch bei Belichtung nur so groß wie im Dunkeln, also wie durch die Dotierung vorgegeben. Also muss die Dichte der Donatoren n_D auf der n-Seite größer oder gleich der Dichte der Elektronen $n_e{}^p$ auf der p-Seite bei Belichtung sein, und entsprechend muss die Akzeptorendichte n_A auf der p-Seite größer als die Dichte der Löcher $n_h{}^n$ auf der n-Seite bei Belichtung sein. Damit die Aufspaltung der Fermi-Energien auch als elektrische Spannung messbar wird, muss also gelten

$$kT \ln \frac{n_D\, n_A}{n_i^2} = e\left(\varphi^n - \varphi^p\right) \;\geq\; \varepsilon_{F,C} - \varepsilon_{F,V} = kT \ln \frac{n_e^p\, n_h^n}{n_i^2}. \tag{6.12}$$

Durch geeignete Dotierung muss die Potenzialdifferenz im Dunkeln $\varphi^n - \varphi^p$ an die bei Belichtung zu erwartende chemische Energie pro Elektron-Loch Paar angepasst werden.
In Abb.5.1 ist $e(\varphi^n - \varphi^p) = \varepsilon_{F,C} - \varepsilon_{F,V}$ gewählt worden, wodurch die elektrische Potenzialdifferenz zwischen p- und n-Leiter bei Belichtung gerade verschwindet. In Abb.5.3 ist dagegen $e(\varphi^n - \varphi^p) < \varepsilon_{F,C} - \varepsilon_{F,V}$. Die elektrische Potenzialdifferenz ver-

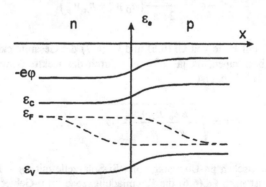

Abb. 6.4   Potenzialverlauf in einer belichteten Solarzelle, in der die Diffusionsspannung $e(\varphi^n - \varphi^p) > \varepsilon_{F,C} - \varepsilon_{F,V}$ ist

schwindet auch in diesem Fall bei der angenommenen Belichtung, aber die an den Kontakten zu messende Photospannung ist kleiner als die Differenz der Fermi-Energien im Innern der Zelle. Es wird chemische Energie vergeudet. In Abb.6.4 ist der Potenzialverlauf für eine reichlich dotierte Zelle zu sehen, für die $e(\varphi'' - \varphi^P) > \varepsilon_{F,C} - \varepsilon_{F,V}$ ist, mit der die chemische Energie pro Elektron-Loch Paar vollständig in elektrische Energie umgesetzt wird. Wegen der mit wachsender Dotierung ansteigenden Wahrscheinlichkeit für Auger-Rekombination sollte die Dotierungsdichte jedoch nicht unnötig groß gewählt werden.

6.2.3 Strom- Spannungskennlinie des pn-Übergangs

Beim Ladungsstrom durch einen pn-Übergang unterscheidet man die Durchlassrichtung, bei der die Elektronen des n-Gebiets und die Löcher des p-Gebiets auf den pn-Übergang zufließen, von der Sperrrichtung, bei der Elektronen und Löcher vom pn-Übergang wegfließen.

In der Durchlassrichtung, im oberen Teil von Abb.6.5, kommen die Elektronen aus dem n-Gebiet und die Löcher aus dem p-Gebiet jeweils eine Diffusionslänge weit als Minoritätsträger ins entgegengesetzt dotierte Gebiet und rekombinieren dabei. Außerhalb der Diffusionslängen wird wegen des jetzt auch bei Belichtung vorausgesetzten großen Konzentrationsunterschieds zwischen Majoritätsträgern und Minoritätsträgern (schwache Injektion) der Ladungsstrom im n-Leiter allein von Elektronen getragen und im p-Leiter allein von Löchern.

In der Sperrrichtung, im unteren Teil von Abb.6.5, kommen Elektronen aus dem p-Gebiet und Löcher aus dem n-Gebiet. Da der Ladungsstrom im p-Gebiet ein reiner Löcherstrom ist, werden durch das p-Gebiet keine Elektronen transportiert. Die Elektronen, die aus dem p-Gebiet kommen, müssen dort erzeugt werden. Das n-Gebiet können aber nur die Elektronen erreichen, die nicht rekombinieren, die also innerhalb einer Diffusionslänge vom n-Gebiet entfernt erzeugt wurden. Genau so erreichen nur die Löcher, die innerhalb einer Diffusionslänge vom p-Gebiet entfernt erzeugt wurden, das p-Gebiet. Sowohl für die Durchlassrichtung wie für die Sperrrichtung wird die Ladung des Ladungsstroms innerhalb der Diffusionslängen von den Elektronen auf die Löcher umgeladen.

Daraus folgt z.B. für die Löcher, wenn wir den Sperrstrom (die Löcher fließen nach rechts) willkürlich negativ zählen, um zur üblichen Darstellung mit positivem Strom in Durchlassrichtung zu kommen

$$j_Q = -e \int\limits_{-L_h}^{L_e} \operatorname{div} j_h \, dx, \qquad (6.13)$$

weil ja $j_h = 0$ für $x < -L_h$, aber $j_h = j_Q / e$ für $x > L_e$.

Nach der Kontinuitätsgleichung für die Löcher im stationären Zustand

$$\frac{\partial n_h}{\partial t} = G_h - R_h - \operatorname{div} j_h = 0 \quad \text{ist} \quad \operatorname{div} j_h = G_h - R_h.$$

Wir teilen die Generationsrate auf in die im Dunkeln G_h^0 und die durch eine Zusatzbelichtung bedingte ΔG_h

$$G_h = G_h^0 + \Delta G_h.$$

Die Rekombinationsrate ist entsprechend

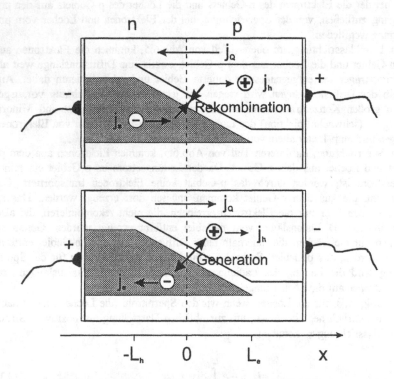

Abb. 6.5   Elektronen- und Löcherströme in einem pn-Übergang. Bei negativer Polung des n-Leiters (oben), in der Durchlassrichtung, fließen Elektronen und Löcher auf den pn-Übergang zu und rekombinieren dort. In der Sperrrichtung, bei positiver Polung des n-Leiters, fließen Elektronen und Löcher vom pn-Übergang weg, wo sie erzeugt werden.

$$R_h = R_h^0 \cdot \frac{n_e \, n_h}{n_i^2} = R_h^0 \exp\left(\frac{\eta_e + \eta_h}{kT}\right), \tag{6.14}$$

wobei wegen des Gleichgewichts mit den 300 K Photonen und Phononen bei $\eta_e + \eta_h = 0$

$$G_h^0 = R_h^0 .$$

Damit wird der Ladungsstrom in Gl.(6.13)

$$j_Q = -e \int_{-L_h}^{L_h} \left\{ G_h^0 \left[1 - \exp\left(\frac{\eta_e + \eta_h}{kT}\right)\right] + \Delta G_h \right\} dx . \tag{6.15}$$

Hierin ist die Summe der elektrochemischen Potenziale $\eta_e + \eta_h$ im Prinzip eine Funktion des Ortes und hängt mit den Widerständen zusammen, die den Ladungsstrom begrenzen.

Wir kennen zwei Arten dieses Zusammenhangs

1. Der Strom ist begrenzt durch den Transportwiderstand. Dann ist

$$j_Q = -\frac{\sigma}{e} \, \mathrm{grad}\, \eta .$$

2. Der Strom ist begrenzt durch den Reaktionswiderstand der Reaktion

$$e + h \Leftrightarrow \gamma, n \cdot \Gamma .$$

    Dafür gilt $\mathrm{div}\, j_i = G_i - R_i$.

    Es können nicht mehr Elektronen und Löcher vom pn-Übergang wegfließen, als dort erzeugt werden, und es können nicht mehr zum pn-Übergang hinfließen, als dort durch Rekombination verschwinden.

Wir schätzen den Spannungsabfall durch den Transportwiderstand ab. Der Ladungsstrom durch eine Solarzelle ist begrenzt durch den absorbierten Photonenstrom und ist für Silizium für nicht-fokussierte Sonnenstrahlung maximal 42 mA/cm^2. Für eine Dotierung von $n_A = 10^{16}$/cm^3 und eine Beweglichkeit von $b_h = 470$ cm^2 / Vs ist die Leitfähigkeit $\sigma_h = 0.75$ / Ωcm.

Der Spannungsabfall beträgt damit 1/e grad $\eta_h = j_Q / \sigma_h = 56$ mV / cm, bei einer Dicke von 400 μm also nur 2 mV. Das ist vernachlässigbar wenig gegen $(\eta_e + \eta_h)/e$, was in der Größenordnung von 1 V liegt. Beim pn-Übergang ist es der Reaktionswiderstand, der den Strom begrenzt. Der Transportwiderstand ist dagegen vernachlässigbar.

Deshalb ist

$$\text{grad}\,\eta_h \approx 0 \qquad \text{für } x > -L_h$$

und

$$\text{grad}\,\eta_e \approx 0 \qquad \text{für } x < L_e$$

und also

$$\eta_e + \eta_h \neq f(x) \qquad \text{für } -L_h < x < L_e.$$

Dann ist auch $\eta_e + \eta_h = eU$, wobei U die Spannung zwischen den Anschlüssen an das n-Gebiet und das p-Gebiet ist.

Aus all dem folgt, dass der Integrand in Gl.(6.15) zwischen den Integrationsgrenzen nicht vom Ort abhängt. Gl.(6.15) ist daher leicht zu integrieren, und wir erhalten die Strom-Spannungs-Kennlinie des pn-Übergangs

$$j_Q = e\,G_h^0\left(L_e + L_h\right)\left[\exp\left(\frac{eU}{kT}\right) - 1\right] - e\int_{-L_h}^{L_e} \Delta G_h\,dx. \tag{6.16}$$

Für äußeren Kurzschluss ($U = 0$) ist

$$j_Q = -e\int_{-L_h}^{L_e} \Delta G_h\,dx = -e\int_{-L_h}^{L_e} \Delta G_e\,dx = j_{sc}. \tag{6.17}$$

Im Dunkeln ($\Delta G_{e,h} = 0$) und für große negative Spannungen ($\exp(eU/kT) \ll 1$) finden wir den von der Spannung unabhängigen Sperrstrom

$$j_Q = -e\,G_{e,h}^0\left(L_e + L_h\right) = -j_{Sp}. \tag{6.18}$$

Kurzschluss-Strom j_{sc} und Sperrstrom j_{Sp} charakterisieren die Strom-Spannungskennlinie

$$j_Q = j_{Sp}\left[\exp\left(\frac{eU}{kT}\right) - 1\right] + j_{sc}. \tag{6.19}$$

Mit Gl.(6.18) lässt sich der Sperrstrom berechnen für einen idealen pn-Übergang, in dem Elektron-Loch Paare nur durch Absorption von 300 K Umgebungsstrahlung erzeugt werden. In realen pn-Übergängen kommt die Erzeugung durch nicht-strahlende Übergänge als Umkehrung der nicht-strahlenden Rekombinationsprozesse noch hinzu. Die Generationsrate lässt sich dann nicht mehr allgemein angeben. Sie lässt sich aber immer durch die Diffusionslängen ausdrücken, die mit der Lebensdauer einen Parameter enthalten, der die realen Rekombinationsprozesse widerspiegelt.

Im Gleichgewicht von Generation und Rekombination bestimmt die Lebensdauer (der Minoritätsträger) mit der Konzentration der Minoritätsträger die Generationsrate

$$G_{e,h}^0 = R_{e,h}^0 = \frac{n_e^p}{\tau_e} = \frac{n_h^n}{\tau_h}$$

Mit $L = \sqrt{D\tau}$ wird $\tau_e = L_e^2 / D_e$ und $\tau_h = L_h^2 / D_h$. Ersetzen wir noch $n_e^p = n_i^2 / n_A$ und $n_h^n = n_i^2 / n_D$, dann finden wir für den Sperrstrom

$$j_{Sp} = e n_i^2 \left(\frac{D_e}{n_A L_e} + \frac{D_h}{n_D L_h} \right) \tag{6.20}$$

Dieser Ausdruck für den Sperrstrom gilt auch für reale pn-Übergänge, in denen die Rekombination vorwiegend nicht-strahlend ist. Für die Diffusionslängen der Elektronen und Löcher müssen dann experimentell bestimmte Werte eingesetzt werden.

Für den Kurzschluss-Strom zählen nur die Photonen, die innerhalb der Diffusionslängen absorbiert werden. Der pn-Übergang darf deshalb nicht weiter als L_h von der Oberfläche entfernt sein. Tatsächlich wird die n-Schicht an der Oberfläche sehr dünn gewählt, ihre Absorption kann vernachlässigt werden. Zusätzlich muss berücksichtigt werden, dass Photonen unterschiedlicher Energie $\hbar\omega$ auch verschieden gut absorbiert werden. Die durch Belichtung erzeugte zusätzliche Generationsrate erhält man durch Integration über das einfallende Spektrum der Photonenströme $dj_\gamma(\hbar\omega, x=0)$. Damit ist

$$\Delta G_{e,h}(x) = \int_0^\infty \alpha(\hbar\omega)\,(1 - r(\hbar\omega)) \cdot \exp(-\alpha(\hbar\omega)x)\, dj_\gamma(\hbar\omega, 0).$$

Der Beitrag zum Kurzschluss-Strom im Intervall $d\hbar\omega$ ist

$$dj_{sc}(\hbar\omega) = -e[1 - r(\hbar\omega)]\, dj_\gamma(\hbar\omega, 0)\, \alpha(\hbar\omega) \int_0^{L_e} e^{-\alpha x}\, dx$$

$$= -e[1 - r(\hbar\omega)]\{1 - \exp[-\alpha(\hbar\omega)L_e]\}\, dj_\gamma(\hbar\omega, 0). \tag{6.21}$$

$[1 - r(\hbar\omega)]\{1 - \exp[-\alpha(\hbar\omega)L_e]\}$ ist der Absorptionsgrad $a(\hbar\omega, L_e)$ einer Schicht der

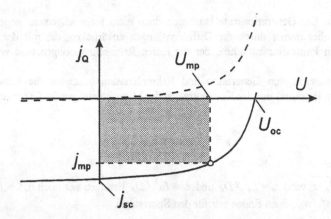

Abb. 6.6   Ladungsstrom des pn-Übergangs im Dunkeln (gestrichelt) und bei Belichtung (durchgezogen) als Funktion der Spannung. Das Vorzeichen der Spannung entspricht der Polarität des p-Gebiets.

Dicke L_e für Photonen der Energie $\hbar\omega$. Ist die Diffusionslänge größer als die Dicke der Solarzelle, dann ist der Absorptionsgrad für die tatsächliche Dicke einzusetzen. Der Kurzschluss-Strom ist durch den Photonenstrom gegeben, der innerhalb der kleineren der beiden Strecken, Diffusionslänge der Elektronen oder Dicke der Solarzelle, absorbiert wird.

$$j_{sc} = -e \int_0^\infty a(\hbar\omega, L_e)\, dj_\gamma(\hbar\omega, 0).$$

Abb. 6.6 zeigt die Strom-Spannungskennlinien des unbelichteten und des belichteten pn-Übergangs.
Neben dem Kurzschluss-Strom ist die Leerlaufspannung U_{oc} wichtig. Aus

$$j_Q = j_{Sp}\left[\exp\left(\frac{eU_{oc}}{kT}\right) - 1\right] + j_{sc} = 0 \tag{6.22}$$

folgt

$$U_{oc} = \frac{kT}{e}\ln\left(1 - \frac{j_{sc}}{j_{Sp}}\right). \tag{6.23}$$

Es ist für die Spannung ganz wichtig, dass der Sperrstrom j_{Sp} möglichst klein ist. Der kleinste mögliche Wert wird für die kleinste mögliche Generationsrate im Dunkeln $G_{e,h}{}^0$ erreicht, also dann, wenn Elektron-Loch Paare nur durch Absorption von 300 K Umgebungsstrahlung erzeugt werden und entsprechend nur strahlend rekombinieren.

6.3 pn-Übergang mit Störstellen-Rekombination 2-Dioden-Modell

Die im vorigen Abschnitt berechnete Strom-Spannungs-Kennlinie des pn-Übergangs basiert darauf, dass die Rekombination ausschließlich strahlend ist. Das ist der Idealzustand, der uns erlaubt, obere Grenzen für die Leerlaufspannung und den Wirkungsgrad von Solarzellen zu bestimmen. In realen Solarzellen überwiegt dagegen die Rekombination über Störstellen, die in Abschnitt 3.6.2.2 ausführlich behandelt wurde. Dort hatten wir festgestellt, dass diejenigen Störstellen besonders stark zur Rekombination beitragen, deren Elektronenenergie in der Mitte der verbotenen Zone liegt. Für den Einfluss der Störstellen-Rekombination auf den Strom-Spannungs-Zusammenhang werden wir uns deshalb auf diese Sorte Störstellen mit $\varepsilon_{St} = \varepsilon_i$ in der Mitte der verbotenen Zone beschränken. Weiter wird angenommen, dass ihre Einfangquerschnitte σ für Elektronen und Löcher wie auch deren Geschwindigkeiten v gleich sind. Mit dieser Vereinfachung wird aus Gl.(3.71)

$$R_{St} = N_{St}\,\sigma\,v\,n_i \, \frac{\exp\left[(\varepsilon_{F,C} - \varepsilon_{F,V})/kT\right] - 1}{\exp\left[(\varepsilon_{F,C} - \varepsilon_i)/kT\right] + \exp\left[(\varepsilon_i - \varepsilon_{F,V})/kT\right] + 2} \; . \qquad (6.24)$$

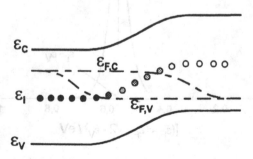

Abb. 6.7   Potenzialverlauf in einem pn-Übergang mit Störstellen bei ε_i in der Mitte der verbotenen Zone

Bei vorgegebener Spannung U, und damit vorgegebener Aufspaltung der Fermi-Energien $\varepsilon_{F,C} - \varepsilon_{F,V} = eU$ zeigt die Abb.6.8 die Größe der Rekombinationsrate R_{St} als Funktion der Lage der Fermi-Energien relativ zur Lage des Störstellenniveaus ε_i in der Mitte der verbotenen Zone. Man sieht, dass die Rekombinationsrate ein ausgeprägtes Maximum hat, wenn das Störstellenniveau in der Mitte zwischen den Fermi-Energien liegt.

Das wird auch nahe gelegt von der Abb.6.7, die den Potenzialverlauf in einem pn-Übergang mit Störstellen bei der Spannung U zeigt. Im p-Gebiet sind die Störstellen weitgehend unbesetzt, weil ihre Elektronenenergie oberhalb der Fermi-Energien liegt, und im n-Gebiet sind sie weitgehend besetzt. In beiden Bereichen ist die Rekombinationsrate klein. Die Rekombinationsrate ist nur dort groß, wo das Störstellenniveau mitten zwischen den Fermi-Energien liegt, also in der Mitte des pn-Übergangs. Dort ist $\varepsilon_{F,C} - \varepsilon_i = \varepsilon_i - \varepsilon_{F,V} = eU/2$. Damit wird die Rekombinationsrate in Gl.(6.25)

$$R_{St} = N_{St}\sigma v n_i \frac{\exp(eU/kT)-1}{2\left[\exp(eU/2kT)+1\right]} . \tag{6.25}$$

Nehmen wir weiter an, dass diese Rekombinationsrate über die Dicke w der Raum-

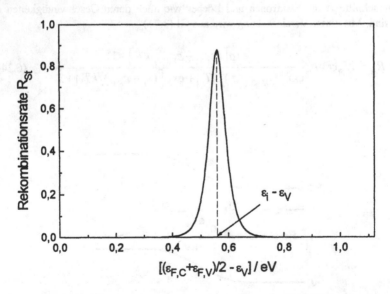

Abb. 6.8   Rekombinationsrate R_{St} als Funktion des Mittelwerts der Fermi-Energien $(\varepsilon_{F,C} +\varepsilon_{F,V})/2$ relativ zur Valenzbandkante ε_V in einem Halbleiter mit einem Bandabstand von $\varepsilon_G =1.12$ eV bei $U = 0,4$V

ladungszone räumlich konstant ist und berücksichtigen noch, dass $\exp(eU/kT) - 1 =$ [$\exp(eU/2kT)$ +1][$\exp(eU/2kT)$ −1] ist, dann hat die Störstellen-Rekombination einen zusätzlichen Ladungsstrom zur Folge von

$$j_{Q,St} = \frac{ew\sigma v N_{St} n_i}{2}\left\{\exp\left(eU/2kT\right) - 1\right\} = j_{Sp2}\exp\left\{\left(eU/2kT\right) - 1\right\}. \quad (6.26)$$

Dieser Strom fließt zusätzlich zu dem von der Band-Band-Rekombination hervorgerufenen, die über den Bereich der Diffusionslängen den Strom bestimmt. Wegen der verschiedenen Spannungsabhängigkeit überwiegt der Beitrag der Störstellen-Rekombination bei kleinen Spannungen und der der Band-Band-Rekombination bei großen Spannungen. Der Gesamtstrom einschließlich des Kurzschluss-Stroms ist

$$j_Q = j_{Sp1}\exp\left\{\left(eU/kT\right) - 1\right\} + j_{Sp2}\exp\left\{\left(eU/2kT\right) - 1\right\} + j_{sc}. \quad (6.27)$$

Bis auf den Kurzschluss-Strom können wir uns diesen Gesamtstrom als durch die Parallelschaltung von zwei Arten von Dioden erzeugt denken. Eine Diode mit dem Sperrstrom j_{Sp1}, in der es nur Band-Band-Rekombination gibt, ist parallel geschaltet mit zwei in Serie geschalteten Dioden mit dem Sperrstrom j_{Sp2}, in denen es nur Störstellen-Rekombination in der Raumladungszone gibt und an denen wegen der Serienschaltung einzeln nur die halbe Spannung liegt. Das ist das 2-Dioden-Modell, das Band-Band- und Störstellen-Rekombination berücksichtigt und die Strom-Spannungskennlinie von realen pn-Übergängen recht gut wiedergibt.

6.4 Heteroübergänge

In den Abbildungen 5.5 und 5.6 hatten wir gesehen, dass es auch Transport in die falsche Richtung gibt, also von Elektronen zum Kontakt auf der p-Seite und von Löchern zur n-Seite. Der damit verbundene Ladungsstrom, um den sich der Gesamtstrom vermindert, wurde bei der Berechnung der Strom- Spannungskennlinie des pn-Übergangs vernachlässigt. Diese Vernachlässigung ist, genau genommen, nur gerechtfertigt, wenn Maßnahmen getroffen sind, die diesen Strom oder die Rekombination an der Oberfläche, die seine Ursache ist, beseitigen. Eine Möglichkeit dazu zeigt die Struktur in Abb.5.1. Die Elektronen fließen über einen n-Leiter aus der Zelle, die Löcher über einen p-Leiter, deren Bandabstände sehr groß sind. Wegen der damit verbundenen sehr kleinen Konzentration der Minoritätsträger ist hier die Vernachlässigung der Minoritätsträgerströme, des Elektronenstroms zur p-Seite, des Löcherstroms zur n-Seite, gerechtfertigt. Für die Struktur der Abb.5.1 werden drei verschiedene Materialien gebraucht, der absorbierende Halbleiter in der Mitte, der sich zwischen zwei Halbleitern mit großem Bandabstand und unterschiedlichen Elektronen-affinitäten χ_e befindet. Solche Kontakte zwischen unterschiedlichen Materialien nennt man Heteroübergänge.

Außer für die Vermeidung der Oberflächen-Rekombination sind Heteroübergänge besonders wichtig, wenn es nicht möglich ist, einen pn-Übergang aus einem einzigen Material, einen sogenannten Homoübergang, herzustellen. Es gibt nämlich viele Materialien, die sich nur als n-Typ oder nur als p-Typ dotieren lassen. Dazu zählen fast alle Materialien, deren Bandabstand größer als 2.5 eV ist. Das ist einer der Gründe, warum es solche Schwierigkeiten macht, blau-emittierende Leuchtdioden herzustellen.

Für Solarzellen und andere elektronische Bauelemente genügt es nicht, Halbleiter mit geeigneten Bandabständen und Elektronenaffinitäten in Kontakt zu bringen. Die Grenzfläche muss vielmehr möglichst frei von Grenzflächenzuständen mit Energien in der verbotenen Zone sein, damit keine zusätzliche Rekombination auftritt und, damit die Grenzfläche nicht durch die überwiegende Besetzung mit einer Trägersorte elektrisch geladen ist. Materialkombinationen, die diese Bedingungen erfüllen, sind sehr selten. Eine geeignete Kombination ist Silizium/Siliziumdioxid, in der das Siliziumdioxid aber nicht dotierbar, also isolierend ist. Wir werden später sehen, dass diese Kombination trotzdem für Silizium-Solarzellen von großer Bedeutung ist. Alle anderen bekannten Kombinationen mit kleiner Dichte von Grenzflächenzuständen bestehen aus III-V-Verbindungen, basieren also auf Galliumarsenid.

Der Verlauf des elektrischen Potenzials und der Bandränder eines Heteroübergangs ist genau so einfach zu bestimmen wie bei einem normalen pn-Übergang, wenn die

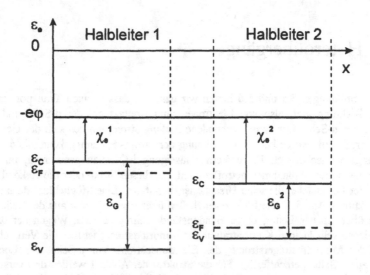

Abb. 6.9   Zwei verschiedene Halbleiter vor dem Kontakt

sich berührenden Oberflächen nicht geladen sind. Dann sind nämlich die dielektrische Verschiebung $D = \varepsilon\varepsilon_0\, E$ und das elektrische Potenzial an der Grenzfläche stetig. Die Feldstärken E rechts und links der Grenzfläche unterscheiden sich wegen der Stetigkeit von D um das Verhältnis der Dielektrizitätskonstanten ε.
Abb.6.9 zeigt zwei verschiedene Halbleiter, links den Halbleiter 1, der n-dotiert ist und rechts den p-dotierten Halbleiter 2. Zur Konstruktion des Potenzialverlaufs im Dunkeln in Abb.6.10 beginnen wir mit dem Halbleiter 1, dessen elektrisches Potenzial links von der Grenzfläche, außerhalb einer eventuell vorhandenen Raumladungszone, fest gehalten sei. Im elektrochemischen Gleichgewicht mit dem p-Leiter hat die Fermi-Energie überall den gleichen Wert. Rechts von einer eventuellen Raumladungszone an der Grenzfläche, können jetzt im p-Leiter relativ zur Fermi-Energie die Bandränder ε_C und ε_V und die elektrische Energie pro Elektron $-e\varphi$ mit Differenzen zur Fermi-Energie, wie vor dem Kontakt in Abb.6.9, eingetragen werden.

Der Verlauf des elektrischen Potenzials wird allein von der Verteilung der Ladung bestimmt und ist unabhängig von Elektronenaffinität oder Bandabstand. Wegen der Stetigkeit des elektrischen Potenzials an einer Grenzfläche ohne Oberflächenzustände ergibt sich sein Verlauf, bis auf die im Verhältnis der Dielektrizitätskonstanten verschiedene Steigung, wie beim normalen pn-Übergang in Abschnitt 6.2.
Die elektrische Potenzialdifferenz zwischen neutralen Bereichen des n-Leiters und des p-Leiters ist nach Gl.(6.1)

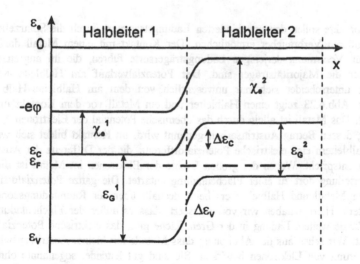

Abb. 6.10   Die zwei verschiedenen Halbleiter von Abb. 6.9 im Kontakt

$$e(\varphi^1 - \varphi^2) = \mu_{e,0}^1 - \mu_{e,0}^2 + kT\ln(n_e^1/n_e^2) , \tag{6.28}$$

wobei die konzentrations-unabhängigen Anteile des chemischen Potenzials der Elektronen μ_{e0} durch die jetzt verschiedenen Elektronenaffinitäten χ_e der beiden Halbleiter gegeben sind

$$\mu_{e,0}^1 - \mu_{e,0}^2 = \chi_e^2 - \chi_e^1 .$$

Der Unterschied der Elektronenaffinitäten bestimmt auch den Sprung der Leitungsbandkanten $\Delta\varepsilon_C$ und zusammen mit dem Unterschied der Bandabstände ε_G den Sprung der Valenzbandkanten $\Delta\varepsilon_V$ direkt in der Grenzfläche.

$$\Delta\varepsilon_C = \varepsilon_C^1 - \varepsilon_C^2 = \chi_e^2 - \chi_e^1$$

$$\Delta\varepsilon_V = \varepsilon_V^1 - \varepsilon_V^2 = \chi_e^2 - \chi_e^1 + \varepsilon_G^2 - \varepsilon_G^1$$

Durch Wahl von Materialien mit geeigneten Elektronenaffinitäten χ_e und Bandabständen ε_G können, wie in Abb.5.1, Sprünge der Bandkanten vermieden oder erzeugt werden, mit denen sich der Ladungstransport kontrollieren lässt.

6.5 Halbleiter-Metall-Kontakt

Metallkontakte sollen den ungehinderten Ladungstransport durch die Solarzelle und einen äußeren Verbraucher ermöglichen. Der Kontakt mit einem Metall darf also nicht zur Verarmung derjenigen Ladungsträgersorte führen, die im angrenzenden Halbleiter die Majoritätsträger sind. Der Potenzialverlauf am Halbleiter-Metall-Kontakt unterscheidet sich nur unwesentlich von dem am Halbleiter-Halbleiter-Kontakt. Abb.6.23 zeigt einen Halbleiter und ein Metall vor dem Kontakt und im Kontakt. Das Metall ist allein durch das chemische Potenzial der Elektronen charakterisiert, dessen Betrag Austrittsarbeit genannt wird. Im Kontakt bildet sich wie bei zwei Halbleitern eine elektrische Potenzialdifferenz, die der Differenz der Austrittsarbeiten entspricht. Wegen der großen Dichte der Elektronen im Metall ist die Ladungsverteilung dort zu einer Flächenladung entartet. Die ganze Potenzialdifferenz zwischen Metall und Halbleiter erscheint deshalb über der Raumladungszone des Halbleiters. Hierbei haben wir vorausgesetzt, dass es außer der Flächenladung im Metall keine weitere Ladung in der Grenzfläche gibt, das elektrische Potenzial also stetig ist. Wir sehen aus der Abbildung, dass Metalle mit kleiner Austrittsarbeit eine Anreicherung von Elektronen bewirken. Sie sind gut leitende, sogenannte ohmsche Kontakte für n-dotierte Halbleiter. Umgekehrt macht man mit Metallen großer Aus-

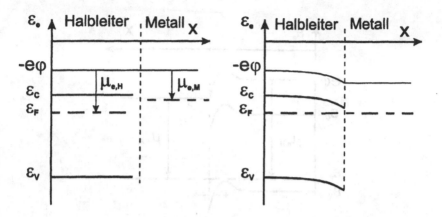

Abb. 6.11 Energieschema von Halbleiter und Metall vor dem Kontakt (links) und im Kontakt (rechts)

trittsarbeit ohmsche Kontakte für p-dotierte Halbleiter. Elektronen finden vom Metall zum Leitungsband des Halbleiters eine Potenzialbarriere vor, die durch die Differenz der Austrittsarbeit des Metalls und der Elektronenaffinität des Halbleiters gegeben ist.

Insbesondere bei Kontakten an Silizium stellt man jedoch fest, dass die Abhängigkeit der Bandverbiegung von der Austrittsarbeit des Metalls schwächer ist als nach der Differenz der Austrittsarbeiten erwartet. Der Grund dafür dürften Oberflächenzustände auf der Siliziumoberfläche sein, die im Kontakt mit dem Metall geladen sind. Zusammen mit der Flächenladung auf dem Metall bilden sie eine Ladungsdoppelschicht, über der ein von deren Dipolmoment abhängiger Potenzialsprung auftritt. Die Potenzialdifferenz zwischen dem Inneren des Halbleiters und dem Inneren des Metalls ist zwar auch jetzt durch die Differenz der Austrittsarbeiten gegeben, sie teilt sich aber auf auf die Diffusionsspannung der Raumladungsrandschicht und die meist unbekannte Potenzialdifferenz über der Dipolschicht.

	Si	GaAs	In	Ag	Al	Au	Pt
Austritts-arbeit /eV			4.12	4.26	4.28	5.1	5.65
Elektronen-affinität /eV	4.01	4.07					

Gut leitende Kontakte können noch auf einem anderen Prinzip beruhen. Ist der Halbleiter sehr hoch dotiert, wenigstens in der Nähe des Kontaktes, dann sind auch Verarmungszonen nur wenig ausgedehnt. Sie können bei entsprechend hoher Dotierung so dünn sein, dass die Ladungsträger durch die damit verbundene Potenzialbarriere

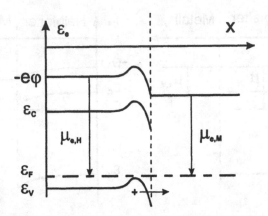

Abb. 6.12 Durch eine dünne Potenzialbarriere einer hoch dotierten Randschicht können Elektronen des Valenzbands oder Löcher hindurch tunneln.

hindurch ins Metall tunneln. Aluminium ist an sich kein gutes Kontaktmaterial für p-dotiertes Silizium, weil es eine kleinere Austrittsarbeit hat. Lässt man es aber nach dem Aufbringen bei höheren Temperaturen ins Silizium eindiffundieren, wo es Akzeptorzustände bildet, dann wird eine hoch p-dotierte Schicht erzeugt mit einem Potenzialverlauf wie in Abb.6.12 gezeigt. Die dünne Barriere im Valenzband erlaubt einen guten Ladungstransport zwischen dem Valenzband des Siliziums und dem Leitungsband des Al-Kontakts.

6.5.1 Schottky-Kontakt

Das Grundprinzip einer Solarzelle kann bereits mit einem homogen dotierten Halbleiter mit zwei verschiedenen Metallkontakten erfüllt werden, einem ohmschen Kontakt und einem zweiten, der eine Verarmung von Majoritätsträgern und damit eine Anreicherung von Minoritätsträgern bewirkt. Dieser zweite Kontakt ist ein sogenannter Schottky-Kontakt. Für einen n-Leiter muss seine Austrittsarbeit viel größer sein als die des Halbleiters, für einen p-Leiter viel kleiner. Die Abb.6.13 zeigt für einen p-Leiter den Potenzialverlauf im Dunkeln. Schottky-Kontakte sind allerdings nur mit wenigen Halbleitern einfach herzustellen. Sie haben zudem den Nachteil, dass die gewünschte Funktion, den Minoritätsträgern einen Abfluss ohne Vergrößerung ihrer Entropie zu ermöglichen, zwangsläufig gekoppelt ist mit der an Metallkontakten großen Oberflächen-Rekombination. Für Solarzellen spielen sie nur in der Erprobung neuer Materialien eine Rolle. In der Vergangenheit hat sich gezeigt, dass gut funktionierende vermeintliche Schottky-Kontakte in Wirklichkeit Halbleiter-

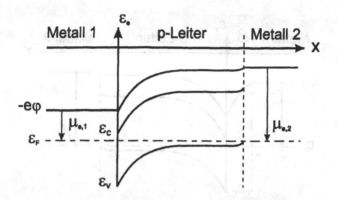

Abb. 6.13 Ein Metall mit einer kleinen Austrittsarbeit (links) bildet auf einem p-Leiter mit einer großen Austrittsarbeit einen Schottky-Kontakt. Auf der rechten Seite bildet ein Metall mit großer Austrittsarbeit einen ohmschen Kontakt.

Hetero-Übergänge waren, die sich durch chemische Reaktion des Metalls mit dem Halbleiter bilden. Ein Beispiel ist der Kontakt von Kupfer (Cu) auf n-typ Cadmiumsulfid (CdS), bei dem p-leitendes Cu_2S entsteht.

6.5.2 MIS-Kontakt

Um die Oberflächen-Rekombination am Schottky-Kontakt zu verringern, kann man zwischen dem Metall und dem Halbleiter eine Oxidschicht einfügen. Obwohl diese isoliert, stellt sie keine wesentliche Behinderung dar, wenn sie nur dünn genug ist, da Elektronen oder Löcher durch sehr dünne Potenzialbarrieren tunneln können. Allerdings fällt die Verarmung an Majoritätsträgern im Halbleiter jetzt etwas schwächer aus, weil ein Teil der Austrittsarbeitsdifferenz über der Oxidschicht und nicht über dem Halbleiter liegt.

In MIS (Metall-Isolator-Silizium)-Strukturen[7] wird das kompensiert durch die Ausnutzung einer Eigenschaft von Siliziumdioxid. Im Siliziumdioxid eingelagerte Fremdatome (z.B. Natrium) sind häufig ionisiert, also geladen. Ihre Ladung wird durch Ladung im Metall und im Halbleiter neutralisiert. Bei positiver Ladung im Oxid an der Grenzfläche zum Halbleiter werden Löcher von der Grenzfläche weggedrückt und Elektronen angereichert. Abb.6.14 zeigt, dass sich im p-Leiter damit ein ähnlicher Potenzialverlauf ergibt wie beim Schottky-Kontakt, aber ohne den Nachteil der großen Oberflächen-Rekombination.

---

7 K. Jaeger, R. Hezel, Proc 18. IEEE PV Spec. Conf., Las Vegas (1985), Seite 388

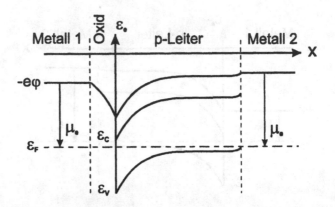

Abb. 6.14　In einer MIS (Metall-Isolator-Silizium)-Struktur verhindert eine sehr dünne Oxid-Schicht zwischen Metall und Silizium die Oberflächen-Rekombination. Die Löcherverarmung im p-Leiter wird durch positive Ladung in der Grenzfläche zwischen Halbleiter und Oxid hervorgerufen.

6.6 Die Rolle des elektrischen Feldes in Solarzellen

Es mag den Leser verwirren, dass das elektrische Feld, das im Dunkeln und abgeschwächt bei Belichtung in einem pn-Übergang vorhanden ist, für unser Verständnis der Funktion einer Solarzelle ganz ohne Bedeutung ist. Das Kriterium für eine Solarzellen-Struktur ist, dass der Transport der Elektronen und Löcher unter Erhaltung ihrer Entropie pro Teilchen erfolgt. Die Erfüllung dieser Bedingung ist in manchen Strukturen, wie z.B. in einem pn-Übergang aus einheitlichem Material begleitet vom Vorhandensein eines elektrischen Feldes. Das ist, überspitzt gesagt, eine zufällige Koinzidenz. Es wäre eine völlig unnötige Einschränkung, Strukturen für Solarzellen auszuschließen, in denen kein elektrisches Feld vorhanden ist, die aber die Bedingung der Erhaltung der Entropie pro Teilchen erfüllen. Am Schluss dieses Abschnitts ist eine solche Struktur gezeigt.

Häufig liest man, dass gerade das elektrische Feld eines pn-Übergangs den Antrieb für die bei Belichtung fließenden Ströme besorgt. Wir wollen uns dieses Argument etwas genauer ansehen. Wäre es so, dass die Ladungsträger durch das Feld angetrieben würden, also dauernd beschleunigt und durch Stöße mit dem Gitter wieder abgebremst würden, dann würde das Feld Arbeit leisten. Es müsste eine Energiequelle vorhanden sein, die die bei jedem Stoß von den Ladungsträgern dissipierte Energie (siehe Abschnitt 5.1.3) kontinuierlich nachliefert, um den Strom aufrecht zu erhalten. So eine Energiequelle ist nicht vorhanden. Man sieht das am besten am Vergleich mit einem einfachen Beispiel.

Ein Kondensator sei mit einem Stoff gefüllt, der im Dunkeln isoliert und bei Belichtung durch Erzeugung von Elektronen und Löchern leitend wird. Dieser Kondensator wird im Dunkeln geladen, und die dazu nötige Spannungsquelle wird dann wieder abgeklemmt. In dem Stoff zwischen den Kondensatorplatten ist ein elektrisches Feld vorhanden. Wird dieser Stoff jetzt belichtet, dann fließt ein Strom. Elektronen fließen zur positiv geladenen Platte, Löcher zur negativ geladenen Platte. Die Energie, die sie beim Transport durch Stöße dissipieren, nehmen sie aus dem Feld auf. Das Feld wird dadurch geschwächt, der Kondensator entladen. Der Strom kommt nach der dielektrischen Relaxationszeit zum Erliegen, das elektrische Feld verschwindet, weil dann die beim Laden des Kondensators gespeicherte elektrische Feldenergie verbraucht ist. Ein stationärer, durch ein elektrisches Feld getriebener Strom braucht eine Energiequelle, die das Feld speist und aufrecht erhält, eine Batterie. Das ist in einer Solarzelle nicht anders.

Um die Irrelevanz des elektrischen Feldes deutlich zu machen, basteln wir uns einen pn-Übergang, etwas umständlich aber physikalisch nicht verboten, in dem im Dunkeln die p-Seite gegenüber der n-Seite ungeladen ist. Dann existiert in ihm auch kein elektrisches Feld. Das Konstruktionsprinzip folgt aus dem, was wir über Heteroübergänge wissen. Die elektrische Potenzialdifferenz zwischen zwei Körpern ist nach Gl.(6.28) durch die Differenz ihrer Austrittsarbeiten oder durch die Differenz der chemischen Potenziale μ_e ihrer Elektronen festgelegt. Sie hängt von der Differenz der Elektronenaffinitäten und von der Dichte der Elektronen ab.

Es ist denkbar, einen pn-Übergang so aus kontinuierlich veränderten Stoffen aufzubauen, die alle den gleichen Bandabstand haben, und trotz der vom p- zum n-Leiter anwachsenden Elektronenkonzentration, wegen der gleichzeitig anwachsenden Elektronenaffinität χ_e, alle das gleiche chemische Potenzial der Elektronen haben. Es ergibt sich im elektrochemischen Gleichgewicht die Potenzialverteilung in Abb.6.15, links. In dieser Struktur wird durch Belichtung ein elektrisches Feld erzeugt, das allerdings so gerichtet ist, dass es, anders als im normalen pn-Übergang, Elektronen zum p-Gebiet und Löcher zum n-Gebiet treiben würde, wie in Abb.6.15, rechts, zu sehen ist. Fließt in diesem pn-Übergang der Strom bei Belichtung in eine andere Richtung als im normalen pn-Übergang?

Die tatsächlich treibenden Kräfte, nämlich die Gradienten der elektrochemischen Potenziale, sind identisch mit denen in einem normalen pn-Übergang. Der in Abb.6.15 gezeigte pn-Übergang verhält sich deshalb genauso wie ein normaler pn-Übergang und hat die gleiche Strom- Spannungskennlinie, obwohl in ihm das elektrische Feld dem Ladungsstrom entgegengerichtet ist.

Dass Ladungsströme dem elektrischen Feld entgegengerichtet sind, ist übrigens nichts Ungewöhnliches. Es begegnet uns in jeder Batterie. Während im Außenkreis Elektronen vom Minus-Pol zum Plus-Pol laufen, müssen wegen der Kontinuität des

Ladungsstroms negative Ionen im Innern der Batterie vom Plus-Pol zum Minus-Pol laufen.

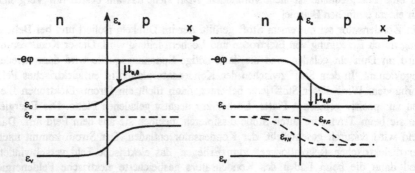

Abb. 6.15 Potenzialverteilung in einem pn-Übergang mit ortsabhängiger Elektronenaffinität $\chi_e = -\mu_{e,0}$. Links im Dunkeln im elektrochemischen Gleichgewicht, rechts bei Belichtung unter offenen Klemmen.

7 Grenzen der Energiekonversion in Solarzellen

Bei der Herleitung der Strom-Spannungskennlinie hatten wir einen Spannungsabfall an Transportwiderständen als vernachlässigbar klein außer acht gelassen. Mit dieser Näherung ist die Spannung U an den Kontakten einer ausreichend dotierten Solarzelle gleich der Aufspaltung der Fermi-Energien $eU = \varepsilon_{F,C} - \varepsilon_{F,V}$. Außerdem haben wir den Strom der Löcher zum Kontakt des n-Bereichs und der Elektronen zum Kontakt des p-Bereichs trotz der großen Gradienten ihrer Fermi-Energien nicht berücksichtigt, weil die Leitfähigkeit der Minoritätsträger so klein ist.

Mit dieser Näherung tragen alle vom Licht erzeugten Elektronen und Löcher zum Ladungsstrom bei, die nicht rekombinieren. Bei homogener Anregung sind das gerade soviel, wie innerhalb der Diffusionslängen erzeugt werden. Diese Näherung ist besonders in Strukturen wie in Abb.5.1 gerechtfertigt, die das Fließen der Minoritätsladungsträger zur falschen Seite durch Sprünge der Bandkanten zusätzlich behindern.

Eine pn-artige Struktur, die bei der Spannung $eU = \varepsilon_{F,C} - \varepsilon_{F,V} = \mu_e + \mu_h$ einen Ladungsstrom liefert, liefert damit pro Elektron-Loch Paar die chemische Energie $\mu_e + \mu_h$, die im Elektron-Loch Paar gespeichert ist. Diese Struktur vermag also die beim Belichten eines Halbleiters entstehende chemische Energie **vollständig** in elektrische Energie umzusetzen.

7.1 Maximaler Wirkungsgrad von Solarzellen

Der maximale Energiestrom, der von einer Solarzelle geliefert wird, ist durch das größte Rechteck gegeben, das unter die Strom-Spannungs-Kennlinie passt, wie in ähnlicher Weise in Abb.4.1 gezeigt. Den dadurch ausgezeichneten Punkt maximaler Leistung auf der Kennlinie bezeichnet man als "maximum power point" mit der Ladungsstromdichte j_{mp} und der Spannung U_{mp}.

Unabhängig von der Form der Kennlinie, also dem funktionalen Zusammenhang von j_Q und U, gilt bei maximaler Leistung

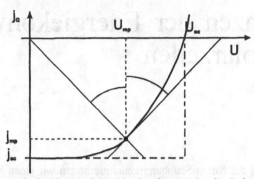

Abb. 7.1   Geometrische Konstruktion des Punkts maximaler Leistung

$$d(j_Q \cdot U) = dj_Q \cdot U + j_Q \cdot dU = 0,$$

also
$$\left(\frac{dj_Q}{dU}\right)_{mp} = -\left(\frac{j_Q}{U}\right)_{mp}. \qquad (7.1)$$

Diese Beziehung ist in Abb.7.1 geometrisch verdeutlicht. Sie bedeutet, dass die Steigung der Tangente an die Kennlinie im Punkt maximaler Leistung immer parallel ist zur Verbindungslinie vom Koordinatenursprung zum Punkt maximaler Leistung, nachdem diese Verbindungslinie an der x-Achse (oder der y-Achse) gespiegelt wurde.

Für eine bestimmte Form der Kennlinie, nämlich die für strahlende Rekombination in Gl.(6.19) ist

$$\frac{dj_Q}{dU} = j_{Sp} \frac{e}{kT} \exp\left(\frac{eU_{mp}}{kT}\right) = -\frac{j_{mp}}{U_{mp}} \qquad (7.2)$$

Mit $j_{mp} = j_{Sp}\left\{ \exp\left(\frac{eU_{mp}}{kT}\right) - 1 \right\} + j_{sc}$ und $\dfrac{j_{sc}}{j_{Sp}} = 1 - \exp\left(\dfrac{eU_{oc}}{kT}\right)$

findet man aus Gl.(7.2) $U_{mp} = \dfrac{kT}{e}\left\{ \exp\left(\dfrac{e(U_{oc} - U_{mp})}{kT}\right) - 1 \right\}. \qquad (7.3)$

Mit numerischen Verfahren, z.B. zum Suchen von Nullstellen, lässt sich daraus U_{mp} und damit der Punkt maximaler Leistung finden.
Mit dem Füllfaktor

$$FF = \frac{j_{mp} U_{mp}}{j_{sc} U_{oc}} \tag{7.4}$$

wird ein Maß dafür definiert, wie gut sich das Rechteck maximaler Leistung der Kennlinie anpasst. Bei nur strahlender Rekombination ist $j_{sc} \cdot U_{oc}$ der Strom chemischer Energie, der im Leerlauf, wo alle erzeugten Elektron-Loch Paare rekombinieren müssen, mit den dabei erzeugten Photonen abgestrahlt wird.
Einen Näherungswert für den Füllfaktor kann man mit Gl.(7.3) gewinnen. Danach ist

$$U_{mp} = U_{oc} - \frac{kT}{e} \ln\left(1 + \frac{eU_{mp}}{kT}\right) \approx U_{oc} - \frac{kT}{e} \ln\left(1 + \frac{eU_{oc}}{kT}\right)$$

Da der Logarithmus nur schwach von seinem Argument abhängt, können wir darin auch U_{mp} durch U_{oc} ersetzen. Rechnet man damit den Strom j_{mp} am Punkt maximaler Leistung aus der Kennliniengleichung aus und damit dann den Füllfaktor, dann ergibt sich die Näherung

$$FF = \frac{\dfrac{eU_{oc}}{kT} - \ln\left(1 + \dfrac{eU_{oc}}{kT}\right)}{1 + \dfrac{eU_{oc}}{kT}}.$$

Werte für den Füllfaktor liegen zwischen 0.8 und 0.9.

Maximaler Kurzschlussstrom: Für einen großen Kurzschlussstrom wird eine Solarzelle möglichst dick gemacht. Durch Entspiegeln kann theoretisch ein Reflexionsgrad von $r = 0$ erreicht werden. Bei großer Dicke der Zelle und gleichzeitig großer Diffusionslänge wird der Absorptionsgrad innerhalb der Diffusionslänge $a(\hbar\omega \geq \varepsilon_G) \approx 1$.
Der durch den absorbierten Photonenstrom erzeugte Kurzschlussstrom ist dann

$$j_{sc} = -e\int_0^\infty a(\hbar\omega)\, dj_{\gamma,Sonne}(\hbar\omega) = -e\int_{\varepsilon_G}^\infty dj_{\gamma,Sonne}(\hbar\omega). \tag{7.5}$$

Maximale Leerlaufspannung: Die Leerlaufspannung U_{oc} gibt die Aufspaltung der Fermi-Energien $\varepsilon_{F,C} - \varepsilon_{F,V}$ an, bei der die Rekombination in der ganzen Zelle gleich der Generation in der ganzen Zelle wird. Die Generationsrate (pro Volumen) ist dabei wegen der ins Innere exponentiell abnehmenden Photonenstromdichte an der

Oberfläche am größten. Die erzeugten Elektronen und Löcher verteilen sich gleichmäßig über die Dicke, wenn diese klein ist gegen die Diffusionslängen. Die Rekombinationsrate ist dann gleich der über die Zelle gemittelten Generationsrate. Macht man die Solarzelle dünn und verhindert Oberflächen-Rekombination, dann muss die Rekombinationsrate (pro Volumen) und damit $\varepsilon_{F,C} - \varepsilon_{F,V}$ ansteigen, weil die über die Zellendicke gemittelte Generationsrate ansteigt. Die Leerlaufspannung wird daher maximal, wenn die Dicke der Zelle gegen Null geht. Der Anstieg der Leerlaufspannung mit abnehmender Dicke ist jedoch schwach und wiegt den Verlust an Kurzschlussstrom nicht auf. Allerdings sollte eine Zelle nicht nur aus Gründen der Materialersparnis nicht unnötig dick gemacht werden.

Ist die Rekombination ausschließlich strahlend, dann wird die Spannung am größten, und überraschenderweise spielt die Dicke von dicken Solarzellen dann keine Rolle. In dicken Zellen wird nämlich ein großer Teil der bei der Rekombination erzeugten Photonen wieder absorbiert und erzeugt wieder Elektron-Loch Paare. Die Rekombination in der ganzen Zelle ist immer gleich dem durch die Oberfläche emittierten Photonenstrom $j_{\gamma,emit}$, der einen Sättigungswert erreicht, wenn bei dicken Zellen der Absorptionsgrad seinen Maximalwert $a = 1 - r$ erreicht, der unabhängig von der Dicke ist.

Sind die Diffusionslängen groß gegen die Dicke, dann sind die Elektronen und Löcher gleichmäßig über das Volumen verteilt. Für diese homogene Verteilung ist

$$j_{\gamma,emit} = \int_0^\infty a(\hbar\omega)\, dj_\gamma^0(\hbar\omega)\exp\left(\frac{\varepsilon_{F,C} - \varepsilon_{F,V}}{kT}\right).$$ (7.6)

Unter der Bedingung maximalen Kurzschlussstroms, $a(\hbar\omega{\geq}\varepsilon_G) = 1$, und mit $\varepsilon_{F,C} - \varepsilon_{F,V} = eU$ ist

$$j_{\gamma,emit} = \exp\left(\frac{eU}{kT}\right)\int_{\varepsilon_G}^\infty dj_\gamma^0(\hbar\omega),$$ (7.7)

unabhängig von der Dicke.

Der Ladungsstrom, den die Solarzelle liefert, ist, wenn er in der Richtung vom p-Gebiet zum n-Gebiet (nach links in Abb.6.2) positiv gezählt wird

$$j_Q = e\, j_{\gamma,emit}(U) - e\, j_{\gamma,abs}$$ (7.8)

oder

$$j_Q = e\left[\exp\left(\frac{eU}{kT}\right) - 1\right]\int_{\varepsilon_G}^\infty dj_\gamma^0(\hbar\omega) - \int_{\varepsilon_G}^\infty dj_{\gamma,Sonne}(\hbar\omega).$$ (7.9)

Da die Spektren der 300 K Umgebungsstrahlung $dj_\gamma^0(\hbar\omega)$ und der Sonne $dj_{\gamma,Sonne}(\hbar\omega)$ (außerhalb der Atmosphäre $AM0$ und auf der Erdoberfläche $AM1.5$) bekannt sind, kann der maximale Energiestrom $(j_Q \cdot U) = j_{mp} \cdot U_{mp}$ aus Gl.(7.9) ermittelt werden und daraus der Wirkungsgrad

$$\eta = \frac{j_{mp} \cdot U_{mp}}{\displaystyle\int_0^\infty \hbar\omega \, dj_{\gamma,Sonne}(\hbar\omega)}. \tag{7.10}$$

7.2 Wirkungsgrad als Funktion des Bandabstands

Der Kurzschlussstrom einer Solarzelle ist durch den absorbierten Photonenstrom gegeben. Er ist für Halbleiter mit Bandabstand $\varepsilon_G = 0$ maximal und nimmt mit wachsendem ε_G ab. Die Leerlaufspannung U_{oc} andererseits ist Null für $\varepsilon_G = 0$ und

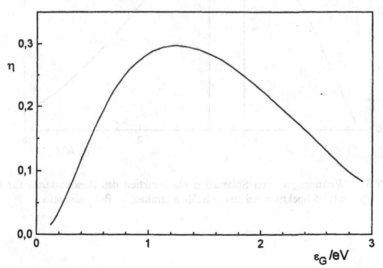

Abb. 7.2   Wirkungsgrad von Solarzellen als Funktion ihres Bandabstands für das $AM0$-Spektrum bei ausschließlich strahlender Rekombination

nimmt mit wachsendem Bandabstand zu. Der Wirkungsgrad η ist deshalb Null bei $\varepsilon_G = 0$ und bei $\varepsilon_G \to \infty$. Irgendwo dazwischen hat er ein Maximum.

Mit Gl.(7.9) und Gl.(7.10) kann der Wirkungsgrad η als Funktion des Bandabstands ε_G bei ausschließlich strahlender Rekombination für dicke Solarzellen berechnet werden, für die $a(\hbar\omega < \varepsilon_G) = 0$ und $a(\hbar\omega \geq \varepsilon_G) = 1$ ist. Abb.7.2 zeigt das Ergebnis für das $AM0$-Spektrum außerhalb der Atmosphäre und Abb.7.3 für das $AM1.5$-Spektrum auf der Erdoberfläche. Man erkennt ein breites Maximum, das Halbleiter mit einem Bandabstand ε_G zwischen 1 eV und 1.5 eV für Solarzellen geeignet erscheinen lässt. Für das $AM1.5$-Spektrum sind die Wirkungsgrade größer als für das $AM0$-Spektrum, weil es durch Absorption in der Atmosphäre weniger Photonen mit $\hbar\omega < 1$ eV enthält, die von den geeigneten Halbleitern sowieso nicht genutzt werden können. Silizium und Galliumarsenid sind für das $AM1.5$-Spektrum besonders gut geeignet.

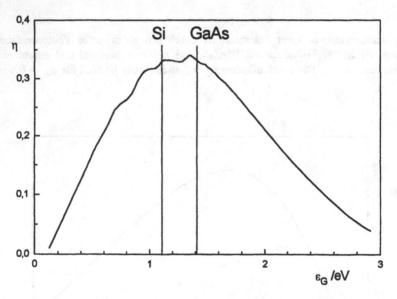

Abb. 7.3   Wirkungsgrad von Solarzellen als Funktion des Bandabstands für das $AM1.5$ Spektrum bei ausschließlich strahlender Rekombination

7.3 Die optimale Silizium-Solarzelle

Silizium hat viele Vorteile. Es ist das zweithäufigste Element der Erdkruste und damit praktisch in unerschöpflichen Mengen vorhanden. Silizium ist nicht giftig. Silizium überzieht sich an Luft mit einer Oxidschicht, die es vollkommen schützt und jede weitere Korrosion verhindert. Die Grenzfläche zu einem unter sauberen Bedingungen gewachsenen Oxid hat eine sehr niedrige Dichte von Grenzflächenzuständen mit sehr kleiner Oberflächen-Rekombinationsgeschwindigkeit. Silizium hat mit ε_G = 1.12 eV einen günstigen Bandabstand für die Sonnenenergiekonversion. Bei all diesen Vorteilen hat Silizium aber den großen Nachteil der geringen Absorption. Silizium muss deswegen viel dicker sein als ein Halbleiter mit einem direkten Übergang. Noch hinzu kommt, dass die Elektronen und Löcher über die große Dicke verteilt erzeugt werden. Sie müssen bis zu den Kontakten große Strecken zurücklegen. Sie brauchen also große Diffusionslängen und Lebensdauern. Wegen der schlechten Absorption braucht man nicht nur mehr Silizium, es muss dazu auch noch besonders sauber sein.

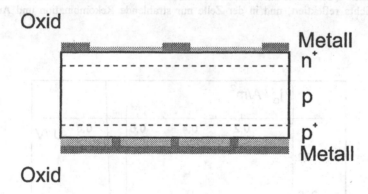

Abb. 7.4 Querschnitt durch eine pn-Solarzelle

In der üblichen Struktur einer Solarzelle sind die Kontakte auf gegenüberliegenden Oberflächen aufgebracht. Für die dem Licht zugewandte Oberfläche ist das ein Problem. Metallkontakte werden deshalb nur in schmalen Streifen in kammartigen Strukturen angeordnet. Ladung muss dann auch parallel zur Oberfläche fließen. Das wird ermöglicht durch hohe Dotierung einer dünnen Schicht. Daran schließt sich ein gering dotierter Bereich über den größten Teil der Dicke der Solarzelle an. Da Elektro-

nen eine größere Beweglichkeit als Löcher haben und also bei gleicher Lebensdauer
eine größere Diffusionslänge, werden sie als Minoritätsträger gewählt. Der große
Mittelbereich der Zelle wird darum p-dotiert, die Oberfläche wird stark n-dotiert,
was mit n^+ bezeichnet wird. Um am Rückkontakt wenig Elektronen durch Oberflächen-Rekombination zu verlieren, wird durch starke p-Dotierung die Konzentration
der Elektronen dort niedrig gehalten und damit ihre Rekombinationsrate. Dafür hat
sich die Bezeichnung "back surface field" eingebürgert wegen der Vorstellung, dass
die negative Aufladung des p^+-dotierten Bereichs, die sich im elektrochemischen
Gleichgewicht mit dem schwach p-dotierten Mittelbereich einstellt, die Elektronen
abstößt. Diese Abstoßung ist allerdings an der Gesamtkraft (grad η_e) nicht zu erkennen und wohl eher eine Hilfsvorstellung.

Wegen der großen Leitfähigkeit der hinteren p^+-Schicht ist eine ganzflächige Kontaktierung der Rückseite nicht nötig. Die nicht kontaktierten Gebiete der vorderen
und hinteren Oberfläche werden mit einer Oxidschicht versehen, die die Oberflächen-Rekombination herabsetzt. Auf der Rückseite wird die Oxidschicht noch mit
einer Metallschicht verspiegelt, die die noch nicht absorbierten Photonen zurück
reflektiert, was die Absorption in der Zelle erhöht. Auf der Vorderseite wird die
Oxidschicht zur Verringerung der Reflexion als $\lambda/4$-Schicht ausgebildet. Abb.7.4
zeigt einen Querschnitt durch diese Struktur. Unter der Annahme, dass die Vorderseite nichts reflektiert, und in der Zelle nur strahlende Rekombination und Auger-

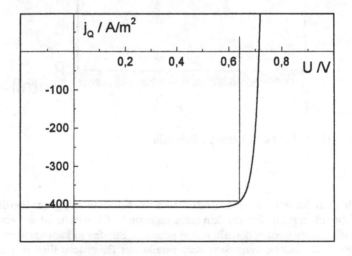

Abb. 7.5   Ladungsstrom j_Q als Funktion der Spannung U für eine Si-Solarzelle mit
einer Dicke von 400 µm ($AM1.5$)

Rekombination stattfindet und keine Oberflächen-Rekombination, wurde die Strom-Spannungskennlinie für das $AM1.5$-Spektrum berechnet, die in Abb.7.5 gezeigt ist.

7.3.1 Lichteinfang

Der Absorptionsgrad eines Körpers wächst, wenn der Reflexionsgrad sinkt und der Weg der Photonen im Körper größer wird. Diese Trivialität lässt für einen großen Absorptionsgrad noch einen anderen Weg erkennen als Entspiegelung und große Dicke. Der Reflexionsgrad eines Körpers wird vermindert, wenn die Photonen, die reflektiert werden, dabei so abgelenkt werden, dass sie ein zweites Mal auf den Körper treffen. Das wird durch die pyramidenförmige Struktur der Oberfläche in Abb.7.6 ermöglicht. Bei zweimaliger Reflexion ist der Gesamtreflexionsgrad

$$r_{gesamt} = r_{einfach}^2 .$$

Eine Oberfläche mit 10 Prozent Reflexion als ebene Fläche reflektiert als Pyramidenstruktur bei senkrechtem Einfall nur noch 1 Prozent.

Durch die strukturierte Oberfläche zusammen mit einer verspiegelten Rückseite wird aber auch der Lichtweg in einer Solarzelle, verglichen mit dem senkrechten Durchgang, stark verlängert. Einmal werden die Photonen durch Brechung an der strukturierten Oberfläche abgelenkt. Wichtiger aber ist, dass sie nach der Reflexion an der Rückseite mit großer Wahrscheinlichkeit unter einem solchen Winkel von innen auf die Oberfläche treffen, dass sie total-reflektiert werden.

Für den Grenzwinkel der Totalreflexion gilt

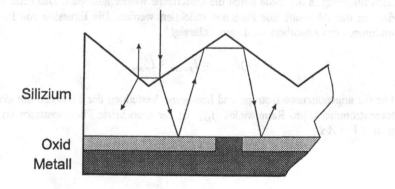

Abb. 7.6   Oberflächenstruktur, die die Reflexion reduziert und den Lichtweg vergrößert

$$\sin \alpha_T = \frac{1}{n_{Si}}.$$

Da der Brechungsindex von Silizium mit $n_{Si} = 3.5$ sehr groß ist, werden nur die Photonen nicht total-reflektiert, die unter einem kleineren Winkel als $\alpha_T = 16.6°$ auf die Oberfläche treffen. Die meisten Photonen sind also eingefangen und werden, wenn sie nicht absorbiert werden, erst nach mehrfacher Reflexion durchgelassen, wenn sie zufällig unter einem Winkel $< 16.6°$ auf die Oberfläche treffen. Um wie viel der Lichtweg im Mittel dadurch verlängert wird, lässt sich leicht abschätzen, wenn man annimmt, dass der Durchgang durch die strukturierte Oberfläche zusammen mit der Reflexion an der Rückseite zu einer isotropen Verteilung der schwach absorbierbaren Photonen in der Solarzelle führt. Die Oberfläche streut die Photonen dann mit der gleichen Winkelverteilung, mit der eine schwarze, Lambert'sche Fläche Photonen emittiert. Für diese Winkelverteilung verteilen sich die Photonen, die von innen ohne Totalreflexion durch die Oberfläche durchgelassen werden, im Außenraum nach Abschnitt 2.1.4 auf einen effektiven Raumwinkel von π. Die isotrope Verteilung im Innern füllt den Raumwinkel 4π, in dem die Photonenstromdichte pro Raumwinkel $j_{\gamma,\Omega}$ um den Faktor n_{Si}^2 größer ist als außerhalb der Solarzelle.

Für eine Si-Zelle der Dicke L mit der Oberfläche A ist der Absorptionsgrad definiert als

$$a(\hbar\omega) = \frac{I_{E,abs}(\hbar\omega)}{I_{E,einf}(\hbar\omega)} = \frac{I_{\gamma,abs}(\hbar\omega)}{I_{\gamma,einf}(\hbar\omega)}.$$

Den absorbierten Photonenstrom erhalten wir aus einer Bilanz der Photonenströme. Einfallende Photonen können ja entweder reflektiert werden, absorbiert werden oder nach Streuung in der Zelle durch die Oberfläche wieder austreten. Das setzt voraus, dass an der Rückseite alle Photonen reflektiert werden. Die Emission von Photonen im Inneren des Absorbers wird vernachlässigt.[8]

$$(1-r)I_{\gamma,einf} = I_{\gamma,austr} + I_{\gamma,abs}$$

Für die angenommene isotrope und homogene Verteilung der Photonen mit der Photonenstromdichte pro Raumwinkel $j_{\gamma,\Omega}$ ist der absorbierte Photonenstrom im Volumen $V = A \cdot L$

$$I_{\gamma,abs} = 4\pi \ \alpha V \ j_{\gamma,\Omega}.$$

---

8 E. Yablonovitch, J. Opt. Soc. Am., **72** (1982) 899

Der austretende Photonenstrom ist

$$I_{\gamma,austr} = A\,(1-r)\frac{\pi}{n^2}\,j_{\gamma,\Omega}.$$

Damit ergibt sich für den Absorptionsgrad

$$a_L = \frac{I_{\gamma,abs}}{I_{\gamma,einf}} = (1-r)\frac{I_{\gamma,abs}}{I_{\gamma,austr}+I_{\gamma,abs}}$$

$$a_L = (1-r)\frac{4\pi\alpha L}{(1-r)\dfrac{\pi}{n_{Si}^2}+4\pi\alpha L}$$

$$a_L = \frac{1-r}{\dfrac{1-r}{4n_{Si}^2\,\alpha L}+1}. \tag{7.11}$$

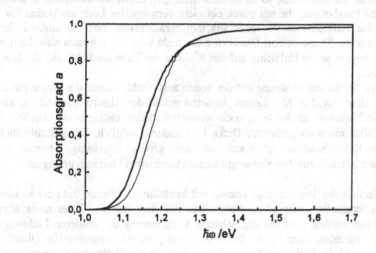

Abb. 7.7   Absorptionsgrad a_L als Funktion der Photonenenergie $\hbar\omega$ von 20 μm dickem Silizium mit Lichteinfang (dick) und von 400 μm dickem Silizium ohne Lichteinfang (dünn)

Für kleine Absorptionskoeffizienten α ergibt sich der Absorptionsgrad $a_L = 4n_{Si}^2\,\alpha L$, der für nicht zu große Reflexionsgrade r überraschenderweise unabhängig vom Reflexionsgrad ist. Für Silizium ist a_L um den Faktor $4n_{Si}^2 \approx 50$ größer als der Absorptionsgrad ohne Lichteinfang. Gegenüber dem einfachen senkrechten Durchgang wird der mittlere Lichtweg um diesen Faktor $4n_{Si}^2 \approx 50$ verlängert.

Obwohl die obige Herleitung auf einer homogenen Verteilung der Photonen basiert, die nur bei $\alpha \ll 1/L$ näherungsweise realisiert ist, ist Gl.(7.11) auch für große α mit guter Genauigkeit gültig, weil schon für $\alpha < 1/L$ der Sättigungswert $a_L = 1 - r$ erreicht wird, der auch für große α nicht überschritten werden kann. Die Abb. 7.7 zeigt, dass mit Hilfe des Lichteinfangs auch mit dünnen Siliziumzellen trotz der kleinen Absorptionskonstanten ein großer Absorptionsgrad erreicht wird.

Die Vergrößerung des Absorptionsgrads durch Lichteinfang kann sogar noch größere Werte erreichen. Bei der obigen Herleitung waren wir davon ausgegangen, dass die aus der Oberfläche austretenden Photonen in den ganzen Halbraum emittiert werden, also wegen des Lambert'schen Verhaltens der streuenden Oberfläche in einen effektiven Raumwinkel π. Umgekehrt gelangt einfallende Strahlung aus dem ganzen Halbraum auch durch die Oberfläche ins Innere. Bei dieser Art von Lichteinfang muss die Solarzelle der Sonne nicht nachgeführt werden.

Nach dem in Abschnitt 2.5 besprochenen Rezept wird eine maximale Konzentration der Sonnenstrahlung erreicht, wenn die die Oberfläche verlassenden Photonen nicht in den ganzen Halbraum, sondern nur auf die Sonne emittiert werden. Es ist theoretisch denkbar, die Oberfläche so zu strukturieren, z.B. durch nebeneinander liegende verspiegelte Paraboloide, die nur durch ein nicht verspiegeltes Loch am Boden Photonen in den Halbleiter hinein- oder aus ihm herauslassen, dass die austretenden Photonen nur die Sonne treffen. Die Dichte der nicht oder nur schwach absorbierten Photonen steigt dann im Halbleiter auf das n^2-fache der Photonendichte auf der Sonnenoberfläche.

Eine Solarzelle, die nur Strahlung mit der Sonne austauscht, müsste der Sonne natürlich nachgeführt werden. Mit diesem Aufwand würde der Absorptionsgrad für absorbierbare Photonen mit $\hbar\omega > \varepsilon_G$ noch wesentlich steiler ansteigen als in Abb.7.7 gezeigt, Zellen mit noch geringerer Dicke sind dadurch möglich. Bei ausschließlich strahlender Rekombination ergäbe sich eine noch größere Spannung, während der Gewinn an zusätzlich aus dem Sonnenspektrum absorbierten Photonen gering ist.

Mit der Technik des Lichteinfangs können mit kristallinem Silizium trotz der kleinen Absorptionskonstanten sehr dünne Solarzellen realisiert werden. Dabei muss aber berücksichtigt werden, dass die abgeschätzte Verlängerung des mittleren Lichtwegs auf der inkohärenten Streuung der Photonen beruht, die Abmessungen der Oberflächenstruktur und die Dicke der Zelle daher groß gegen die Wellenlänge sein müssen. In Abb.7.7 erkennt man, dass eine 20 μm dicke Silizium-Schicht mit Lichteinfang einen etwas größeren Absorptionsgrad erreicht als eine 400 μm dicke Scheibe ohne Lichteinfang.

Abb.7.8 zeigt die theoretische Strom-Spannungskennlinie einer optimalen 20 μm-

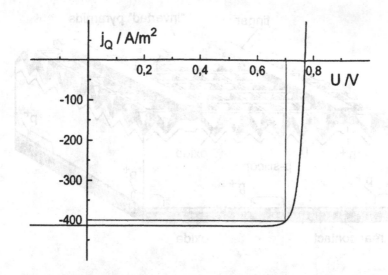

Abb. 7.8   Ladungsstrom als Funktion der Spannung einer nur 20 μm
dicken Si-Solarzelle, deren Absorption durch Lichteinfang
vergrößert ist (AM1.5)

dicken Si-Zelle mit Lichteinfang im AM1.5-Spektrum bei Berücksichtigung von
strahlender Rekombination und von Auger-Rekombination. Sie erreicht eine größere
Leerlaufspannung als die 400 μm-dicke Zelle ohne Lichteinfang in Abb.7.5, weil
die Auger-Rekombination bei gleicher Spannung wegen des kleineren Volumens
geringer ist.

Ein Problem für zukünftige Entwicklungen ist, dass dünne Siliziumschichten eine
stabile Unterlage brauchen. Das bisher einzige Substrat, auf dem einkristalline Siliziumschichten gut wachsen, ist aber kristallines Silizium. Es muss allerdings nicht
besonders sauber sein.

Strukturierte Oberflächen verbessern auch die Eigenschaften dicker Zellen durch
Herabsetzen der Reflexion und Verbesserung der Absorption für Photonen mit $\hbar\omega \approx$
ε_G. Die beste Solarzelle für das unkonzentrierte AM1.5-Spektrum ist aus kristallinem
Silizium und hat alle oben besprochenen Eigenschaften einer optimalen Si-
Solarzelle.[9] Ihr Wirkungsgrad ist 24 %. Ihr Aufbau ist in Abb.7.9 zu sehen.

---

9 M. A. Green, Proc. 10. E.C. Photovoltaic Solar Energy Conference, Lissabon
1991, S.250

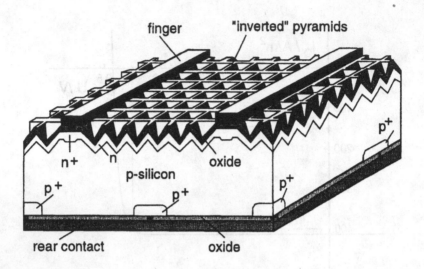

Abb. 7.9   Aufbau der von M.Green entwickelten, bisher besten Solarzelle aus Silizium mit einem Wirkungsgrad von 24 %.

7.4 Dünnschicht-Solarzellen

Silizium hat für Solarzellen so viele Vorteile, dass andere Materialien nur dann konkurrieren können, wenn sie nicht auch seinen Nachteil, die schlechte Lichtabsorption haben. In mit Silizium konkurrierenden Materialien müssen die Übergänge zwischen Valenz- und Leitungsband direkt sein. Der Absorptionskoeffizient hat dann große Werte. Zur Absorption des absorbierbaren Teils des Sonnenspektrums werden nur Dicken von wenigen μm in Dünnschicht-Solarzellen benötigt. Bei gleicher Zahl von Rekombinationszentren wie in einer Siliziumzelle kann ihre Konzentration in dem kleineren Volumen einer Dünnschicht-Solarzelle entsprechend größer sein. Eine geringere Reinheit und das Vorhandensein von Korngrenzen in polykristallinen Schichten können toleriert werden. Wegen der kleineren Abstände zu den Oberflächen dürfen auch die Diffusionslängen kleiner sein. Das ermöglicht den Einsatz von Materialien mit kleiner Beweglichkeit. Alle diese Vorteile lassen für Dünnschicht-Solarzellen wesentlich geringere Kosten erhoffen.

Wegen der großen Nähe zur Oberfläche und der dort drohenden Oberflächen-Rekombination ist, wie für das Silizium das SiO_2, eine passivierende Zwischenschicht von Vorteil. Da in dieser Schicht keine Elektron-Loch Paare erzeugt werden dürfen, muss sie einen großen Bandabstand haben. Sie wird als Fensterschicht bezeichnet, durch die die Photonen ungehindert hindurchgehen, die die Elektronen und Löcher aber vor der rauen Außenwelt schützt. Die Grenzfläche zwischen der Fensterschicht und dem Absorber sollte eine geringe Dichte an Grenzflächen-Zuständen haben, um dort die Rekombination zu vermeiden. So gute Eigenschaften wie an der Si/SiO_2 - Grenzfläche sind jedoch kaum zu erreichen.

Ein Nachteil vieler Materialien mit direkten Übergängen und günstigem Bandabstand ist, dass sie sich mit Ausnahme von amorphem Silizium nicht gleich gut n-typ wie p-typ dotieren lassen. Die für Solarzellen benötigte Struktur erfordert dann Heteroübergänge. Um die Erfordernisse der Struktur mit denen der Fensterschicht zu kombinieren, werden Heteroübergänge zwischen der Absorberschicht und hoch dotierten Materialien großen Bandabstands angestrebt. Beispiele sind die Kombinationen n-typ CdS/p-typ CuInSe₂ (abgekürzt CIS) oder n-typ CdS/p-typ CdTe.

Interessant ist, dass amorphes Silizium (a-Si) auch zu den Dünnschicht-Materialien zählt. Amorphes Silizium ist Silizium ohne kristalline Struktur. Wegen der fehlenden Fernordnung, d.h. der Gleichheit der Verhältnisse nur noch in sehr kleinen Volumina, ist nach der Unbestimmtheitsrelation in Gl.(2.3) der Impuls der Elektronen in gebundenen Zuständen (Valenzband) und ungebundenen Zuständen (Leitungsband) in großem Maße unbestimmt. Bei Übergängen zwischen diesen Zuständen werden deshalb keine Phononen gebraucht, um die Impulserhaltung zu gewährleisten. Die Übergänge sind direkt und haben große Absorptionskonstanten. Die fehlende Ordnung hat aber den Nachteil, dass die Zustände für Elektronen und Löcher nicht scharf auf Bänder begrenzt sind. Die Zustände füllen die ganze verbotene Zone. Durch Einbau von etwa 10% Wasserstoff (a-Si:H) werden viele der in der amorphen Struktur freien Bindungen der Silizium Atome durch H-Atome abgesättigt. Die Dichte der Zustände in der verbotenen Zone wird drastisch reduziert, das Material wird dadurch erst dotierbar. Die Absättigung freier Bindungen durch Wasserstoff ist allerdings nicht ganz stabil. Sie bricht bei Belichtung durch den Einfang der dabei erzeugten Minoritätsträger wieder auf. Diese als Stäbler-Wronski-Effekt bezeichnete Eigenschaft führt zu einer stetigen, sich mit der Zeit verlangsamenden Abnahme des Wirkungsgrads von Solarzellen aus a-Si:H.

7.5 Ersatzschaltung

In der Strom-Spannungskennlinie der Solarzelle in Gl.(6.28) kann der Strom I_Q als Summe des Stroms durch den pn-Übergang im Dunkeln und des Stroms I_{sc} einer Stromquelle angesehen werden, die, damit sich ihre Ströme addieren, parallel geschaltet sind. Abb.7.10 zeigt das so entstandene Ersatzschaltbild für eine Solarzelle, das noch um 2 Elemente erweitert ist. Der Widerstand R_P, der parallel zu den Dioden

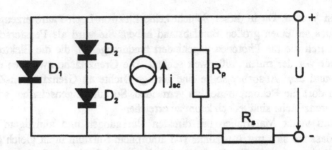

Abb. 7.10   Ersatzschaltung einer Solarzelle durch (von links) Diode D_1 mit direkter
Rekombination, Dioden D_2 mit Störstellen-Rekombination, Stromquelle
j_{sc}, Parallelwiderstand R_P und Serienwiderstand R_S

des 2-Dioden-Modells liegt, fasst Kurzschlüsse zusammen, die in realen Solarzellen
über die Oberflächen oder an Korngrenzen auftreten können. Mit dem Serienwiderstand R_S werden alle Spannungsabfälle an Transportwiderständen der Solarzelle oder
der Anschlüsse erfasst. Die Kennliniengleichung lautet dann

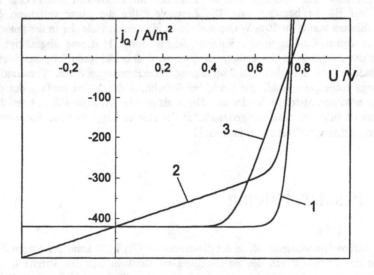

Abb. 7.11   Kennlinien einer Solarzelle mit 2) $R_S = 0\,\Omega$, $R_P = 50\ \Omega$, und 3) $R_S = 5\ \Omega$
$R_P = \infty$ im Vergleich zu 1) $R_S = 0\ \Omega$ und $R_P = \infty$

$$I_Q = I_{Sp1}\left[\exp\left(\frac{e\,(U - I_Q\,R_S)}{kT}\right) - 1\right] + I_{Sp2}\left[\exp\left(\frac{e\,(U - I_Q\,R_S)}{2kT}\right) - 1\right] + I_{sc} + \frac{U - I_Q\,R_S}{R_p}$$

(7.12)

Abb.7.11 zeigt, wie die Kennlinie jeweils einzeln durch R_P und R_S verändert wird. Die Wirkung des Serienwiderstands allein ist eine dem Strom proportionale Verschiebung der Kennlinie zu kleineren Spannungen. Die Wirkung des Parallelschlusses allein ist eine der Spannung proportionale Verschiebung der Kennlinie zu größeren positiven Strömen. Beide Effekte, sowohl einzeln als auch kombiniert, führen hauptsächlich zu einer Verkleinerung des Füllfaktors FF.

7.6 Temperaturabhängigkeit der Leerlaufspannung

Solarzellen führen nur einen kleinen Teil des absorbierten Energiestroms als elektrische Energie nach außen ab. Den Rest geben sie als Wärme ab, und dazu müssen sie eine höhere Temperatur als die Umgebung haben. Bei voller Sonneneinstrahlung von 1 kW/m^2 liegt die Temperaturdifferenz zur Umgebung bei einigen 10 K. Bei Erwärmung wird der Bandabstand kleiner. Dadurch wird der absorbierte Photonenstrom größer, was zu einem geringen Anwachsen des Kurzschlussstroms j_{sc} führt. Nachteilig wirkt sich die Erwärmung aber auf die Leerlaufspannung aus. Aus

$$U_{oc} = \frac{1}{e}(\eta_e + \eta_h) = \frac{kT}{e}\ln\frac{n_e\,n_h}{n_i^2}$$

(7.13)

finden wir für die Temperaturabhängigkeit

$$\frac{dU_{oc}}{dT} = \frac{k}{e}\ln\frac{n_e\,n_h}{n_i^2} + \frac{kT}{e}\left[\frac{1}{n_e}\frac{dn_e}{dT} + \frac{1}{n_h}\frac{dn_h}{dT} - \frac{1}{n_i^2}\frac{d\left(n_i^2\right)}{dT}\right].$$

(7.14)

Darin ist $\qquad n_i^2 = N_C\,N_V\,e^{-\frac{\varepsilon_G}{kT}} \qquad$ und $\qquad \dfrac{d\left(n_i^2\right)}{dT} = \dfrac{\varepsilon_G}{kT^2}\,n_i^2.$

Damit wird

$$\frac{dU_{oc}}{dT} = \frac{U_{oc} - \varepsilon_G/e}{T} + \frac{kT}{e}\left(\frac{1}{n_e}\frac{dn_e}{dT} + \frac{1}{n_h}\frac{dn_h}{dT}\right). \tag{7.15}$$

Über die Ausdrücke in der Klammer sind keine allgemeinen Aussagen möglich, außer, dass sie wohl beide < 0 sind, und der erste im n-Leiter, der zweite im p-Leiter vernachlässigbar ist. Die wesentliche Temperaturabhängigkeit rührt von $(U_{oc} - \varepsilon_G/e)$ / T her. Sie ist umso stärker, je kleiner U_{oc}, je schlechter also die Zelle ist. Für eine Siliziumzelle mit $U_{oc} = 0.6$ V und $\varepsilon_G = 1.12$ eV bei T = 300K ist dU_{oc} / dT = -1.7 mV / K. Das bedeutet, dass die Leerlaufspannung um 0.3% sinkt pro Grad Temperaturerhöhung.
Eine Temperaturerhöhung um 50 K senkt die Leerlaufspannung mit 85 mV um 14 %. In ähnlicher Weise wird der Wirkungsgrad sinken.

7.7 Wirkungsgrade der Einzelprozesse der Energiekonversion

Mit einer theoretischen Grenze für den Wirkungsgrad von $\eta = 0.3$ für das AM0-Spektrum ist die Energiekonversion mit einer Solarzelle noch sehr weit entfernt von der theoretischen Grenze von $\eta_{max} = 0.85$ für die solarthermische Maschine in Abschnitt 2.5.
Es ist ganz lehrreich, die Prozesse in einer Solarzelle noch einmal einzeln anzusehen und den Gesamtwirkungsgrad in die Wirkungsgrade der Einzelprozesse aufzuteilen, um zu erkennen, wo die größten Verluste auftreten. In Abb.7.12 sind die einzelnen Prozesse schematisch gezeigt.
Der erste Prozess ist die Absorption des einfallenden Energiestroms. Er rührt vom Strom der absorbierten Photonen her, die im Mittel die Energie $< \hbar\omega_{abs} >$ haben. Diese ist größer als die mittlere Energie der einfallenden Photonen, da ja nur die Photonen mit $\hbar\omega > \varepsilon_G$ absorbiert werden. Nehmen wir an, dass jedes absorbierte Photon ein Elektron-Loch Paar erzeugt, das bei äußerem Kurzschluss zum Strom beiträgt, dann ist

$$j_{E,abs} = j_{\gamma,abs} \cdot < \hbar\omega_{abs} > = \frac{-j_{sc}}{e} < \hbar\omega_{abs} > . \tag{7.16}$$

Der Absorptionswirkungsgrad ist

$$\eta_{abs} = \frac{j_{E,abs}}{j_{E,einfallend}} . \tag{7.17}$$

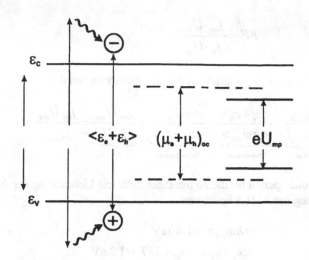

Abb. 7.12 Einzelprozesse in einer Solarzelle

Der zweite Prozess ist die Thermalisierung der Elektron-Loch Paare, die mit der mittleren Energie $< \hbar\omega_{abs} >$ erzeugt werden und nach der Thermalisierung die mittlere Energie $< \varepsilon_e + \varepsilon_h > = \varepsilon_G + 3kT$ haben. Sein Wirkungsgrad ist

$$\eta_{Thermalisierung} = \frac{< \varepsilon_e + \varepsilon_h >}{< \hbar\omega_{abs} >}. \tag{7.18}$$

Der dritte Faktor gibt an, wie viel chemische Energie $(\mu_e + \mu_h)_{oc} = eU_{oc}$ maximal aus der Energie $< \varepsilon_e + \varepsilon_h >$ der Elektron-Loch Paare gewonnen werden kann. Er ist der Wirkungsgrad für die thermodynamische Begrenzung der Energiekonversion

$$\eta_{thermodynamisch} = \frac{eU_{oc}}{< \varepsilon_e + \varepsilon_h >}. \tag{7.19}$$

Unter der Bedingung offener Klemmen ist zwar die chemische Energie pro Elektron-Loch Paar maximal, sie wird aber vollständig mit den emittierten Photonen abgeführt.

Schließlich brauchen wir mit dem Füllfaktor FF einen weiteren Faktor, der angibt, wie viel des maximalen chemischen Energiestroms $-j_{sc} U_{oc}$ von der Solarzelle am Punkt maximaler Leistung als elektrischer Energiestrom $j_{mp} U_{mp}$ geliefert wird

$$FF = \frac{j_{mp} \cdot U_{mp}}{j_{sc} \cdot U_{oc}}. \qquad (7.20)$$

Das Produkt dieser Wirkungsgrade ist der Gesamtwirkungsgrad

$$\eta = \underbrace{\frac{j_{E,abs}}{j_{E,einf}}}_{\eta_{abs}} \underbrace{\frac{<\varepsilon_e + \varepsilon_h>}{<\hbar\omega_{abs}>}}_{\eta_{Thermalisierung}} \underbrace{\frac{eU_{oc}}{<\varepsilon_e + \varepsilon_h>}}_{\eta_{thermodynamisch}} \underbrace{\frac{j_{mp}U_{mp}}{-j_{sc}U_{oc}}}_{FF} = \frac{j_{mp}U_{mp}}{j_{E,einf}}. \qquad (7.21)$$

Für Silizium und speziell für die 20 μm dicke Zelle mit Lichteinfang der Abb.7.8 gilt bei Einstrahlung des AM1.5 Spektrums

$$<\hbar\omega_{abs}> = 1.80 \, eV$$

$$<\varepsilon_e + \varepsilon_h> = \varepsilon_G + 3kT = 1.2 \, eV$$

$$j_{sc} = 413 \, A/m^2 \quad j_{mp} = 401 \, A/m^2$$

$$U_{oc} = 0.770 \, V \quad U_{mp} = 0.702 \, V$$

Damit ergeben sich die Wirkungsgrade

$$\eta_{abs} = 0.74$$

$$\eta_{Thermalisierung} = 0.67$$

$$\eta_{thermodynamisch} = 0.64$$

$$FF = 0.89.$$

Der Gesamtwirkungsgrad ist $\eta = 0.74 \cdot 0.67 \cdot 0.64 \cdot 0.89 = 0.28$.
Besonders klein und damit verbesserungsbedürftig sind der Wirkungsgrad für die Thermalisierung und der Anteil der chemischen Energie an der Energie der Elektron-Loch Paare.

8 Konzepte zur Verbesserung des Wirkungsgrads

Wie im vorangehenden Kapitel gezeigt wurde, bleibt der Wirkungsgrad einer Solarzelle selbst bei Vermeidung aller nicht-strahlenden Rekombinationsprozesse weit hinter dem theoretischen Maximalwert von $\eta = 0.85$ zurück, der im 2. Kapitel als vom speziellen Konversionsprozess unabhängige obere Grenze hergeleitet wurde. Als Hauptursachen wurden Verluste bei der Thermalisierung und durch Nicht-Absorption von Photonen kleiner Energie erkannt. Eine Verbesserung des Wirkungsgrads verlangt vor allem die Verringerung dieser Verluste. Im Folgenden werden verschiedene Methoden beschrieben, die das im Prinzip leisten. Die Bedingungen dafür sind idealisiert, häufig in einem solchen Maße, dass ihre Erfüllung in der Realität schwer vorstellbar ist. Trotzdem ist es wichtig, sich damit zu beschäftigen, um die Prinzipien für mögliche Verbesserungen zu erkennen.

8.1 Tandemzellen

Die Verringerung der Thermalisierungsverluste und die Verbesserung des Absorptionswirkungsgrads sind gleichzeitig dadurch zu erreichen, dass man der Solarzelle nur Photonen in dem kleinen Intervall $\varepsilon_G < \hbar\omega < \varepsilon_G + d\varepsilon$ anbietet und die anderen Photonen mit Solarzellen eines anderen Bandabstands verarbeitet. Zellen, die so zusammen betrieben werden, nennt man Tandemzellen.

Eine Solarzelle mit dem Bandabstand ε_G und dem idealisierten Absorptionsgrad $a(\hbar\omega < \varepsilon_G) = 0$, $a(\hbar\omega \geq \varepsilon_G) = 1$ hat für ein schwarzes Sonnenspektrum den Kurzschlussstrom

$$j_{sc} = -e \frac{\Omega_S}{4\pi^3 \, \hbar^3 \, c^2} \int_{\varepsilon_G}^{\infty} \frac{(\hbar\omega)^2}{\exp\left(\dfrac{\hbar\omega}{kT_S}\right) - 1} \, d\hbar\omega \, . \tag{8.1}$$

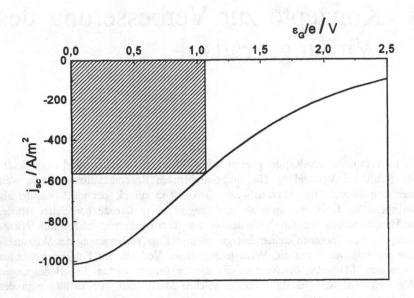

Abb. 8.1   Kurzschlussstrom als Funktion des Bandabstands ε_G für ein schwarzes Spektrum mit $T_S = 5800$ K

Abb.8.1 zeigt den Kurzschlussstrom j_{sc} als Funktion des Bandabstands ε_G /e. Nach der Thermalisation ist der in die Elektron-Loch Paare geflossene Energiestrom

$$j_{E,eh} = -j_{sc} \cdot \varepsilon_G / e = j_{\gamma,abs} \cdot \varepsilon_G .\tag{8.2}$$

Mit $< \varepsilon_e + \varepsilon_h > = \varepsilon_G$ statt $\varepsilon_G + 3\,kT$ teilen wir den Gesamtwirkungsgrad η jetzt etwas anders (und nicht ganz korrekt) in den Thermalisierungs- und den thermodynamischen Wirkungsgrad auf.

Das schraffierte Rechteck in Abb.8.1 zeigt den nach der Thermalisierung in die E-lektron-Loch Paare fließenden Energiestrom $j_{E,eh}$ für denjenigen Bandabstand, für den $j_{E,eh}$ maximal wird.

Die Fläche unter der Kurve $j_{sc}(\varepsilon_G/e)$ gibt den gesamten Energiestrom $j_{E,Sonne}$ an, der von der Sonne einfällt. Das sieht man am besten, wenn man die Änderung von dj_{sc} bei einer kleinen Änderung $d\varepsilon_G$ bestimmt

$$dj_{sc} = e\,\frac{\Omega_S}{4\pi^3\hbar^3 c^2}\,\frac{\varepsilon_G^2}{\exp\left(\dfrac{\varepsilon_G}{kT_S}\right)-1}\,d\varepsilon_G \tag{8.3}$$

und dann über die absorbierte Energie $\dfrac{\varepsilon_G}{e} \cdot dj_{sc}$ integriert

$$j_E = \int_0^\infty \frac{\varepsilon_G}{e} dj_{sc} = \frac{\Omega_s}{4\pi^3 \hbar^3 c^2} \int_0^\infty \frac{\varepsilon_G^3}{\exp\left(\dfrac{\varepsilon_G}{kT_s}\right) - 1} d\varepsilon_G. \qquad (8.4)$$

Weil der Wert eines bestimmten Integrals nicht vom Namen der Variablen abhängt, könnten wir sie auch $\hbar\omega$ nennen und sehen, dass Gl.(8.4) die Dichte des von der Sonne einfallenden Energiestroms angibt. Das größte Rechteck, in Abb. 8.1 schraffiert, das den nach der Thermalisierung maximal in die Elektron-Loch Paare überführten Energiestrom anzeigt, macht 42 % des einfallenden Energiestroms aus. Die rechts vom Rechteck liegende Fläche unter der Kurve gibt den bei der Thermalisation verlorenen Energiestrom an. Die unterhalb des Rechtecks bis zur $j_{sc}(\varepsilon_G/e)$-Kurve liegende Fläche ist der von der Solarzelle nicht absorbierte Energiestrom, der ungenutzt bleibt. Eine Solarzelle mit $\varepsilon_G = 1.1$ eV hätte einen Wirkungsgrad von 42%, wenn der thermodynamische Wirkungsgrad gleich 1 wäre. Sie müsste allerdings dazu bei T = 0K betrieben werden.

Abb.8.2 zeigt, wie sich zwei Solarzellen mit verschiedenen Bandabständen ε_{G1} und ε_{G2} den einfallenden Energiestrom des AM0 Spektrums teilen, wobei dieser zuerst auf die Zelle mit dem größeren Bandabstand ε_{G1} fällt, die alle Photonen mit $\hbar\omega \geq \varepsilon_{G1}$ absorbiert und alle mit $\hbar\omega < \varepsilon_{G1}$ durchlässt. Die dahinterliegende Zelle mit dem kleineren Bandabstand ε_{G2} absorbiert die Photonen mit $\varepsilon_{G2} \leq \hbar\omega < \varepsilon_{G1}$.
Für die zwei Zellen in Abb.8.2 sind auch die Strom-Spannungskennlinien eingezeichnet und mit der schraffierten Fläche der maximale elektrische Energiestrom, den die Zellen liefern. Wieder wurde dabei vorausgesetzt, dass nur strahlende Rekombination auftritt.
Abb.8.3 zeigt, welcher Gesamtwirkungsgrad mit zwei Zellen mit den Bandabständen ε_{G1} und ε_{G2} bei Addition ihrer Energieströme erreicht wird. Für das AM0-Spektrum ist die optimale Kombination $\varepsilon_{G2} = 1.0$ eV und $\varepsilon_{G1} = 1.9$ eV mit einem Gesamtwirkungsgrad von $\eta = 0.44$.

Weitet man die Aufteilung des Spektrums auf unendlich viele hintereinander mit kontinuierlich abnehmendem Bandabstand angeordnete Solarzellen aus, dann wird der gesamte von der Sonne einfallende Energiestrom in die Energie der Elektron-Loch Paare überführt; es treten überhaupt keine Thermalisationsverluste mehr auf. Jede Zelle absorbiert vom einfallenden Photonenstrom diejenigen Photonen, deren Energie im Intervall $\varepsilon_G \leq \hbar\omega < \varepsilon_G + d\varepsilon_G$ liegt, wenn die Bandabstände benachbarter Zellen sich um $d\varepsilon_G$ unterscheiden.[10]

---

[10] A. de Vos, Proc. 5. E.C. Photovoltaic Solar Energy Conference, Athens 1983, S.186

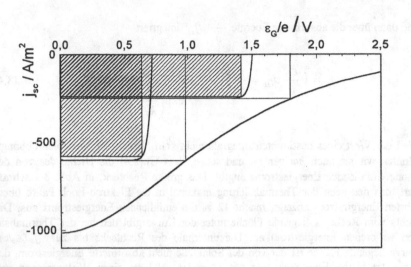

Abb. 8.2   Kennlinien von zwei Solarzellen mit Bandabstand ε_{G1} = 1.8 eV und ε_{G2} = 0.98 eV

Im Leerlauf bei nur strahlender Rekombination werden genau so viele Photonen emittiert wie absorbiert werden. Da Thermalisierungsverluste fehlen, ist das emittierte Spektrum mit dem absorbierten Spektrum identisch. Alle emittierten Photonen haben die gleiche Temperatur, nämlich die Temperatur der Zelle, aber sie haben unterschiedliche chemische Potenziale, weil auch die Leerlaufspannungen der einzelnen Zellen verschieden sind. Setzen wir noch maximale Konzentration der einfallenden Sonnenstrahlung voraus, dann ist das chemische Potenzial μ_γ der emittierten Photonen nach dem verallgemeinerten Planck'schen Strahlungsgesetz (3.59) für eine Zelle, die Photonen der Energie $\hbar\omega = \varepsilon_G$ absorbiert und emittiert

$$\mu_\gamma = \hbar\omega(1 - T_0/T_S) = \varepsilon_G(1 - T_0/T_S) \tag{8.5}$$

Bei der Behandlung maximaler Wirkungsgrade in Kapitel 2 hatten wir kennen gelernt, dass der Landsberg-Wirkungsgrad einen Absorber erfordert, der fähig ist, Sonnenstrahlung ohne Entropieerzeugung zu absorbieren, obwohl seine Temperatur die Umgebungstemperatur ist und nicht die Sonnentemperatur. Das unendliche Tandem ist ein solcher Absorber. Im Gegensatz zum unendlichen Tandem, bei dem die Entropieerzeugung durch die Erzeugung chemischer Energie vermieden wird, fordert der Landsberg-Wirkungsgrad aber auch noch, dass der Absorber Photonen mit $\mu_\gamma = 0$ emittiert. Das unendliche Tandem kann Entropieerzeugung nur im Leerlauf vermeiden, in dem der absorbierte Energiestrom vollständig zur Sonne zurückgestrahlt wird, während der Landsberg-Wirkungsgrad Prozesse fordert, die die Entropieerzeugung sogar im Kurzschluss vermeiden.

Auch im Punkt maximaler Leistung, in dem jede Zelle des unendlichen Tandems eine andere Spannung U_{mp} liefert und Photonen mit einem anderen chemischen Potenzial $\mu_\gamma = eU_{mp}$, aber immer mit der Temperatur T_0 emittiert, ist das emittierte Spektrum identisch mit einem schwarzen Spektrum, das jetzt eine Temperatur von etwa 2500K hat, die auch der Zwischenabsorber bei der photothermischen Konversion in Abschnitt 2.5 hat. Die theoretisch mit einem unendlichen Tandem erreichbare Grenze des Wirkungsgrads ist denn auch mit $\eta = 0.85$ identisch mit der der photothermischen Konversion.

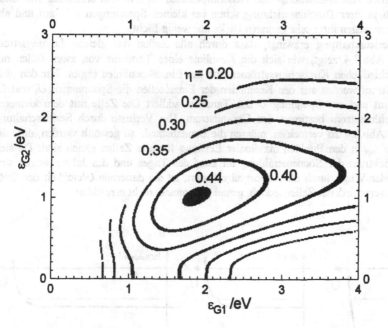

Abb. 8.3 Wirkungsgrad für zwei Tandemsolarzellen mit den Bandabständen ε_{G1} und ε_{G2} bei Addition ihrer Energieströme für das $AM0$-Spektrum

8.1.1 Schaltungsprobleme bei Tandemzellen

Für die optimale Absorption der einfallenden Photonen werden die Zellen des Tandems hintereinander angeordnet. Dabei sollte auf elektrische Kontakte zwischen den Zellen verzichtet werden, die Photonen absorbieren. Damit sind die Zellen elektrisch in Serie geschaltet. Die Spannungen der Einzelzellen müssen alle das gleiche Vorzeichen haben. Bei pn-artigen Strukturen muss dazu von allen Zellen der gleiche Bereich, z.B. der n-Bereich, der Sonne zugewandt sein. Zwischen den Zellen ergeben sich dadurch jedoch pn-Übergänge in der verkehrten Reihenfolge, die Photospannungen mit verkehrter Polarität erzeugen. Das wird verhindert durch sehr starke Dotierung dieser falsch gepolten pn-Übergänge ($n_D, n_A > N_C, N_V$). Dadurch werden sie zu Tunneldioden, in denen durch Tunneln zwischen Valenz- und Leitungsband sehr große Rekombinations- und Generationsraten im Dunkeln entstehen. Sie leiten deshalb in ihrer Durchlassrichtung schon bei kleinen Spannungen sehr gut und absorbieren wegen ihrer sehr geringen Dicke nur wenig Licht.

Die Serienschaltung erzwingt, dass durch alle Zellen der gleiche Ladungsstrom fließt. Abb.8.4 zeigt, wie sich die Kennlinie eines Tandems von zwei Zellen mit unterschiedlichen Kurzschlussströmen aus den Einzelkennlinien ergibt. Für den gleichen Strom werden aus den Kennlinien der Einzelzellen die Spannungen U_1 und U_2 bestimmt und zur Spannung U des Tandems addiert. Die Zelle mit dem kleineren Kurzschlussstrom bestimmt den Gesamtstrom. Um Verluste durch Serienschaltung wie in Abb.8.4 zu vermeiden, müssen die Bandabstände so gewählt werden, dass die Ströme j_{mp} in den Punkten maximaler Leistung für alle Zellen gleich sind. Da sich das Spektrum der Sonnenstrahlung im Lauf des Tages und des Jahres wegen sich ändernder Wege durch die Atmosphäre ändert, ist die dauernde Gleichheit der Ströme j_{mp} verschiedener Zellen jedoch, genau genommen, nicht erreichbar.

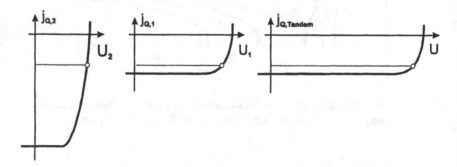

Abb. 8.4   Kennlinie der Serienschaltung von zwei Solarzellen mit verschiedenen Kurzschlussströmen und Leerlauf-Spannungen. Für den gleichen Strom j_Q werden die Spannungen U_1 und U_2 zur Gesamtspannung U addiert.

Vom Problem der gleichen Ströme kann man nur los kommen und hat dann auch freiere Wahl bei den Bandabständen, wenn auch in einem Tandem jede Zelle zwei von den anderen Zellen isolierte Anschlüsse hat. Den gesamten Energiestrom als Summe der einzelnen Energieströme erhält man, wenn alle Zellenspannungen durch Gleichspannungswandler so geändert werden, dass die Ströme gleich werden und eine verlustfreie Serienschaltung möglich ist.

8.2 Konzentrator-Zellen

Im 2. Kapitel hatten wir uns überlegt, wie und vor allem wie stark man die einfallende Sonnenstrahlung konzentrieren kann. Mit konzentrierter Strahlung wird für den gleichen Energiestrom eine kleinere Solarzellenfläche benötigt als für unkonzentrierte Strahlung. Ein weiterer Vorteil ist, dass konzentrierte Strahlung mit einem höheren Wirkungsgrad verarbeitet wird. Bei gleichbleibendem Füllfaktor (theoretisch wächst er geringfügig mit wachsender Intensität) ist ja der Energiestrom, den die Solarzelle liefert, proportional zum Produkt von Kurzschlussstrom und Leerlaufspannung. Da der Kurzschlussstrom proportional zum absorbierten Photonenstrom ansteigt, also proportional zum Konzentrationsfaktor, zeigt der Wirkungsgrad die gleiche Intensitätsabhängigkeit wie die Leerlaufspannung.

Die Leerlaufspannung wächst nach Gl.(8.13) logarithmisch mit dem Produkt der Konzentrationen von Elektronen und Löchern. Für die Rekombination von freien Elektronen mit freien Löchern ist die Rekombinationsrate proportional zum Produkt ihrer Konzentrationen. Dabei muss die Rekombination nicht unbedingt strahlend sein, die Mitwirkung von Störstellen sei allerdings ausgeschlossen. Da im Leerlauf die Rekombinationsrate gleich der Generationsrate ist, folgt, dass die Rekombinationsrate linear mit wachsender Intensität anwächst. Die Leerlaufspannung wächst daher logarithmisch mit dem Konzentrationsfaktor an und ebenso der Wirkungsgrad der Solarzelle.

Der bessere Wirkungsgrad und die kleinere Solarzellenfläche können in Gegenden mit viel direkter, ungestreuter Sonnenstrahlung den Aufwand der Konzentration lohnen. Bei der Konzentration der Strahlung mit Linsen oder Spiegeln sieht die Solarzelle nur noch einen Teil des Halbraums, im Grenzfall nur noch einen Raumwinkelbereich, in den gerade die Sonne hineinpasst. Je stärker konzentriert wird, desto sorgfältiger muss das konzentrierende System der Sonne nachgeführt werden.

Die Konzentration der Strahlung hat aber auch Nachteile. Die Verbesserung des Wirkungsgrads setzt voraus, dass trotz größerer Einstrahlung die Temperatur der Zelle unverändert bleibt. Tatsächlich wächst die Zellentemperatur und bei schlechter Kühlung nimmt der Wirkungsgrad mit wachsender Konzentration sogar ab. Ein weiterer Nachteil ist durch die größere elektrische Stromstärke und den damit größeren

Spannungsabfall an Serienwiderständen bedingt. Für konzentrierte Strahlung sind spezielle Solarzellen, sogenannte Konzentrator-Zellen, entwickelt worden. Prinzipiell sind wegen der höheren Temperaturen Halbleiter mit größerem Bandabstand vorteilhaft. Sie müssen allerdings noch einen genügend großen Teil des Sonnenspektrums absorbieren. Gut geeignet sind Zellen aus GaAs. Wegen der kleineren Fläche spielen die gegenüber Silizium größeren Materialkosten keine so große Rolle. Es sind aber auch aus Silizium sehr gute Konzentrator-Zellen entwickelt worden.

Bei der Silizium-Punktkontaktzelle, die in Abb.8.5 gezeigt ist, fließen, anders als bei den bisher besprochenen Strukturen, die Elektronen und Löcher aus n- und p-dotierten Bereichen heraus, die abwechselnd nebeneinander auf der Rückseite liegen. Das hat den Vorteil, dass die Kontaktierung keine Abschattung verursacht und zur Vermeidung von Serienwiderständen großzügig gehalten sein kann. Um die Auger-Rekombination auf ein Minimum zu reduzieren, ist der größte Teil der Solarzelle undotiert. Die zur Erhaltung der Entropie pro Teilchen nötigen hoch dotierten Bereiche sind auf die Kontakte beschränkt. Für eine 100-fache Konzentration wurde ein Wirkungsgrad von 28% erreicht, allerdings bei einer Zellentemperatur von 25°C, was eine intensive Kühlung voraussetzt.[11]

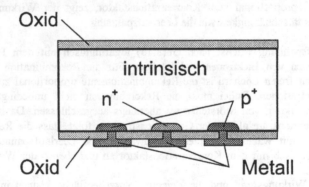

Abb. 8.5   Bei der Punktkontaktzelle für konzentrierte Strahlung liegen die pn-Übergänge und die Metallkontakte auf der Rückseite der Zelle

---

[11] R. M. Swanson, Proc. 8. E.C. Photovoltaic Solar Energy Conference, Florenz 1988

8.3 Thermophotovoltaische Energiekonversion

Die solar-thermische Konversionsmethode aus Abschnitt 2.5 lässt sich für die Anwendung von Solarzellen abwandeln. Abb.8.6 zeigt das Prinzip. Mit einer fokussierenden Optik wird die Sonnenstrahlung wieder auf einen Zwischenabsorber konzentriert, der dadurch auf die Temperatur T_A erhitzt wird. Der Zwischenabsorber ist konzentrisch von Solarzellen mit einheitlichem Bandabstand ε_G umgeben. Diese tragen auf ihrer Oberfläche ein Interferenzfilter, das Photonen mit $\varepsilon_G \leq \hbar\omega \leq \varepsilon_G + d\varepsilon$ ungeschwächt durchlässt und alle anderen Photonen, die die Solarzellen gar nicht oder nicht vollständig nutzen können, ohne Verlust auf den Zwischenabsorber zurückreflektiert. Da alle Photonen, auch die von den Solarzellen durch das Filter emittierten, nicht verloren sind, sondern helfen, den Zwischenabsorber auf der Temperatur T_A zu halten, können die Zellen nahe der Leerlaufspannung betrieben werden und haben damit dann nach Abschnitt 4.1 für die Konversion der absorbierten Photonenenergie einen Wirkungsgrad von

$$\eta_{Zelle} = 1 - \frac{T_0}{T_A}. \tag{8.6}$$

Da das der Carnot-Wirkungsgrad ist, den wir bei der solar-thermischen Konversion in Abschnitt 2.5 für den Wirkungsgrad der Wärmekraftmaschine eingesetzt hatten,

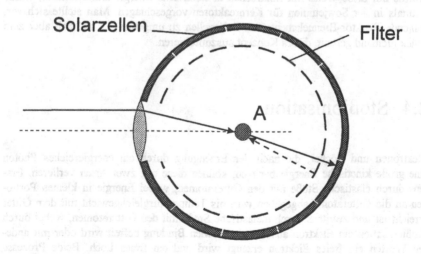

Abb. 8.6   Beim thermo-photovoltaischen Konverter ist der Zwischenabsorber von Solarzellen umgeben, die mit seiner Wärmestrahlung arbeiten.

ergibt sich für die thermophotovoltaische Konversion der gleiche Gesamtwirkungsgrad wie für die solar-thermische Konversion

$$\eta = \left[1 - \left(\frac{T_A}{T_S} \right)^4 \right] \left(1 - \frac{T_0}{T_A} \right) \tag{8.7}$$

mit einem maximalen Wert von $\eta = 0.85$ bei einer Absorbertemperatur von $T_A = 2478$ K.

Die praktische Realisierung dieses Konzepts scheitert an zwei Umständen. Bei der optimalen Temperatur des Zwischenabsorbers von $T_A = 2478$ K verdampfen alle Materialien so stark, dass das Interferenzfilter bald mit einer undurchlässigen Schicht bedeckt ist. Zum zweiten lässt sich ein Interferenzfilter, das nur in einem schmalen Photonenenergie-Intervall transmittiert und ansonsten reflektiert, prinzipiell nicht frei von Absorption realisieren. Verwendet man z.B. Si-Solarzellen, dann hat nur ein sehr kleiner Teil der vom Zwischenabsorber emittierten Photonen die nötige Energie $\hbar\omega \geq \varepsilon_G$. Auch geringe Absorption des großen Rests im Interferenzfilter ergibt einen großen Verlust.

In der Anordnung der Abb.8.6 muss allerdings der Zwischenabsorber nicht unbedingt von der Sonne geheizt werden. Es ist auch möglich, den Zwischenabsorber auf andere Weise zu heizen, z.B. durch Verbrennen von Gas. Strahlungsverluste nach außen müssen dann nicht auftreten, weil der Hohlraum völlig geschlossen sein kann. Wärme auf diese Weise mit Solarzellen in elektrische Energie umzuwandeln, wurde erstmals in der Sowjetunion für Kernreaktoren vorgeschlagen. Man stellte sich vor, glühende Reaktor-Brennelemente mit Solarzellen zu umgeben. Es hat sich aber zum Glück niemand getraut, dieses Konzept auszuprobieren.

8.4 Stoßionisation

Elektronen und Löcher, die nach der Erzeugung durch ein energiereiches Photon eine große kinetische Energie besitzen, können diese auf zwei Arten verlieren. Erstens durch elastische Stöße mit den Gitteratomen, wobei Energie in kleinen Portionen an die Gitteratome abgegeben wird bis Temperaturgleichgewicht mit dem Gitter erreicht ist und zweitens durch inelastische Stöße mit den Gitteratomen, wobei durch Stoßionisation ein Elektron aus der chemischen Bindung befreit wird oder mit anderen Worten ein freies Elektron erzeugt wird und ein freies Loch. Beide Prozesse laufen parallel ab und stehen in Konkurrenz. Während bei den elastischen Stößen mit der Anregung von Gitterschwingungen Energie aus dem Elektron-Loch System verloren geht, bleibt bei der Stoßionisation die Energie im Elektron-Loch System erhal-

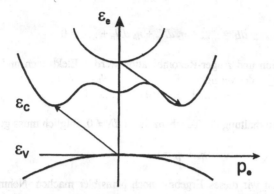

Abb. 8.7   Stoßionisation beim Übergang eines Elektrons von einem höheren Band ins Minimum des Leitungsbands eines indirekten Halbleiters unter Erzeugung eines Elektrons und eines Lochs an den Bandrändern

ten.

Um zu erkennen, welche Wirkungsgrade durch Stoßionisation möglich sind, wollen wir den Konkurrenzprozess, die Wechselwirkung von Elektronen und Löchern mit den Gitterschwingungen, der zur Thermalisierung führt, ausschließen. Dadurch sind Elektronen und Löcher von den Gitterschwingungen isoliert. Sie kennen die Temperatur des Gitters nicht und können mit dem Gitter nicht ins Temperaturgleichgewicht kommen. Stöße von Elektronen und Löchern miteinander sollen jedoch erlaubt sein. Das garantiert, dass Elektronen und Löcher eine einheitliche Temperatur haben, wenn auch nicht die Gittertemperatur. Schließlich müssen wir nach den Prinzipien des detaillierten Gleichgewichts die Auger-Rekombination als Umkehrprozess der Stoßionisation ausdrücklich berücksichtigen.[12]

Wir fragen uns nun, wie es unter diesen Bedingungen mit der Temperatur der Elektronen und Löcher und ihren elektrochemischen Potenzialen aussieht. Die einfachste Antwort ist leider etwas unanschaulich. Sie beruht auf einem weiteren Unterschied zwischen Thermalisierung und Stoßionisation. Während bei der Thermalisierung keine Elektronen (oder Löcher) verschwinden oder hinzu kommen, ihre Zahl also erhalten ist, bleibt bei der Stoßionisation und ihrer Umkehrung die Zahl der Elektronen und Löcher nicht erhalten. Das hat große Konsequenzen auf die Werte der elektrochemischen Potenziale.

Auch unter den Bedingungen von Stößen untereinander, sowie Stoßionisation und Auger-Rekombination stellt sich ein Minimum der Freien Energie der Elektronen und Löcher ein. Also ist

[12] J.H.Werner, R.Brendel and H.J. Queisser, First World Conference on Photovoltaic Energy Conversion, Hawai, 1994
P.Würfel, Solar Energy Materials and Solar Cells, **46** (1996) 43

$$dF = \ldots + \eta_e \, dN_e + \eta_h \, dN_h + \ldots = 0.$$

Bei Stoßionisation und Auger-Rekombination werden Elektronen und Löcher immer paarweise erzeugt oder vernichtet. Es ist $dN_e = dN_h = dN$ und

$$dF = \ldots + (\eta_e + \eta_h) \, dN + \ldots = 0$$

Wegen der Nichterhaltung der Teilchenzahl ist $dN \neq 0$, folglich muss gelten

$$\eta_e + \eta_h = 0.$$

Vielleicht können wir dieses Ergebnis noch plausibler machen. Nehmen wir an, die Freie Energie der Elektronen und Löcher beschreibe einen Zustand mit $\eta_e + \eta_h > 0$. Mit Verringerung der Teilchenzahl durch Auger-Rekombination, also mit $dN < 0$ und damit $dF < 0$, kann die Freie Energie weiter verkleinert werden. Mit der Verringerung der Teilchenzahl nimmt auch $\eta_e + \eta_h$ ab, bis bei $\eta_e + \eta_h = 0$ ein Gleichgewicht zwischen Stoßionisation und Auger-Rekombination erreicht ist. Da dabei die Energie im Elektron-Loch System erhalten bleibt, muss, solange die Auger-Rekombination überwiegt, die Energie pro Teilchen, also die mittlere kinetische Energie der Elektronen und Löcher anwachsen. Dadurch wächst auch ihre Temperatur und steigt die Zahl der Elektronen und Löcher die zur Stoßionisation fähig sind, bis die Rate der Stoßionisation genau so groß ist wie die Rate der Auger-Rekombination.
In den bekannten Halbleitern, in denen der Thermalisationsprozess überwiegt, bleibt die Temperatur der Elektronen und Löcher gleich der Gittertemperatur und bei gleichzeitig großen Raten von Stoßionisation und Auger-Rekombination ist dann der einzig mögliche Zustand einer mit $T = T_0$ und $\eta_e + \eta_h = 0$, der keine Energiekonversion zulässt. Es ist deswegen sehr wichtig, dass Thermalisierung und Stoßionisation mit ihrer Umkehrung nicht gleichzeitig auftreten. Es würde zu keiner Verbesserung, sondern zu einer Verschlechterung des Wirkungsgrads von Solarzellen führen, wenn bei Vorherrschen des Thermalisationsprozesses die Wahrscheinlichkeit für Stoßionisation durch Modifikation des Halbleiters ein wenig vergrößert würde.
Wir halten fest: Die Wechselwirkung mit den Gitterschwingungen hält die Temperatur des Elektron-Loch Systems auf der Gittertemperatur T_0 konstant und erzeugt bei Belichtung einen Zustand mit $\eta_e + \eta_h > 0$. Die Stoßionisation dagegen hält bei abgeschalteter Wechselwirkung mit den Gitterschwingungen die Aufspaltung der Fermi-Energien konstant auf dem Wert $\eta_e + \eta_h = 0$ und erzeugt bei Belichtung einen Zustand mit $T > T_0$.
Es bleibt dann noch das Problem zu lösen, wie man aus heißen Elektronen und Löchern elektrische Energie gewinnt. Die Energiekonversion mit Hilfe der Stoßionisation vollzieht sich also in mehreren Schritten, die Erzeugung heißer Elektronen und Löcher und die Gewinnung von chemischer und schließlich elektrischer Energie.

Heiße Elektronen durch Stoßionisation

Die Temperatur T_A der Elektronen und Löcher im Absorber ergibt sich sehr einfach aus der Größe des emittierten Energiestroms. Anders als bei der Thermalisierung, bei der die Teilchenzahl erhalten bleibt und im Leerlauf bei strahlender Rekombination der emittierte **Photonenstrom** gleich dem absorbierten **Photonenstrom** ist, muss bei der Stoßionisation im Leerlauf der emittierte **Energiestrom** gleich dem absorbierten **Energiestrom** sein, da bei der Stoßionisation und ihrer Umkehrung keine Energie aus dem Elektron-Loch System verloren geht. Da das chemische Potenzial der emittierten Photonen $\mu_\gamma = \eta_e + \eta_h = 0$ ist, berechnet sich die Temperatur der Elektronen und Löcher aus dem emittierten Energiestrom nach dem Planck Gesetz in Gl. 2.31. Bei maximaler Konzentration der einfallenden Sonnenstrahlung ist im Leerlauf $T_A = T_S$.

8.4.1 Energiekonversion mit heißen Elektronen und Löchern

Bei den bekannten Solarzellen, deren Funktion auf der Thermalisierung beruht, hatte es für eine vollständige Umsetzung der chemischen Energie in elektrische Energie gereicht, Membranen anzubringen, die nur den Transport der Elektronen zum einen Kontakt und der Löcher zum anderen Kontakt zulassen. Das waren für die Elektronen n-leitende und für die Löcher p-leitende Gebiete. Diese Art von Membranen ist jetzt nicht mehr ausreichend. Sie müssen jetzt nämlich neben dem selektiven Transport auch noch eine thermodynamische Funktion ausüben. Aus der Wärme der Elektronen und Löcher muss chemische Energie gewonnen werden. Dazu müssen die Elektronen und Löcher auf Umgebungstemperatur abgekühlt werden.
Wir wollen das Problem nur für die Elektronen diskutieren. Die Lösung lässt sich dann leicht auf die Löcher übertragen. Lassen wir die Thermalisierung der Elektronen in der Elektronenmembran für einen Energiebereich zu, der alle Elektronenenergien im Absorber umfasst, dann ist erstens der Energieverlust sehr groß, nämlich von $3/2\ kT_A$ im Absorber auf $3/2\ kT_0$ in der Membran und zweitens würde bei ungehindertem Elektronenaustausch zwischen Absorber und Elektronenmembran den Elektronen auch im Absorber die Fähigkeit zur Stoßionisation genommen. Ein Zustand mit $\eta_e + \eta_h = 0$ und $T_A = T_0$ wäre die Folge. Der Energieverlust bei der Thermalisation lässt sich jedoch völlig vermeiden, wenn den Elektronen in der Membran nur Zustände in einem kleinen Energiebereich $\Delta\varepsilon_e$ bei der Energie ε_e zur Verfügung stehen, wie in Abb. 8.8 gezeigt ist. Wenn $\Delta\varepsilon_e \ll kT_0$, bleibt auch bei Stößen mit den Gitterschwingungen die Besetzung der Elektronenzustände unverändert. Das bedeutet, dass auch die Entropie erhalten bleibt und die Thermalisierung isentrop verläuft, wenn sie sich auf einen kleinen Energiebereich beschränkt. Wegen der Erhaltung der Teilchenzahl bei der Thermalisierung wächst das elektrochemische Potenzial der Elektronen. Abb. 8.8 zeigt, dass das gleiche mit den Löchern bei der Energie ε_h in der Löchermembran geschieht. Die isentrope Abkühlung erzeugt deshalb die chemi-

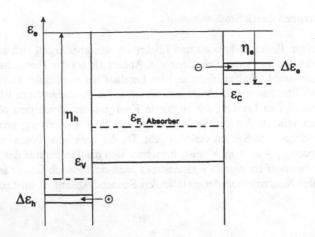

Abb. 8.8   Energien von Elektronen und Löchern im Absorber, in dem Stoßionisation und Auger-Rekombination bei $T_A > T_0$ im Gleichgewicht sind, und in Membranen, durch die Elektronen und Löcher herausfließen und in denen Temperaturgleichgewicht mit dem Gitter besteht.

sche und elektrochemische Energie pro Elektron-Loch Paar

$$\mu_e + \mu_h = \eta_e + \eta_h = (\varepsilon_e + \varepsilon_h)\,(1 - T_0/T_A). \tag{8.8}$$

In der Anordnung der Abb. 8.8 ist die Solarzelle funktionsfähig. Die Spannung ist

$$U = (\eta_e + \eta_h)/e \tag{8.9}$$

und der Strom ist

$$j_Q = e\,(j_{E,absorbiert} - j_{E,emittiert})/(\varepsilon_e + \varepsilon_h). \tag{8.10}$$

Es ist interessant, dass die Leerlaufspannung durch die Energien ε_e und ε_h festgelegt wird, bei der die Elektronen und Löcher entnommen werden und nicht durch das Absorbermaterial. Wenn die Rate, mit der Elektronen und Löcher entnommen werden, klein ist gegen die Raten der Stoßionisation und Auger-Rekombination, was wir voraussetzen, dann wird deren Gleichgewicht durch die Entnahme auch wenig gestört. Es ist deshalb gleichgültig, bei welcher Energie die Elektronen und Löcher entnommen werden, sie werden durch Stoßionisation und Auger-Rekombination wieder nachgeliefert. Auch der gelieferte elektrische Energiestrom ist unabhängig von der Wahl der Energien, mit denen Elektronen und Löcher entnommen werden, ob mit großer Energie und entsprechend bei großer Spannung U und kleinem Strom

j_Q, oder mit kleiner Spannung und großem Strom. Besonders groß wird der Wirkungsgrad bei maximaler Konzentration der Sonnenstrahlung, bei der die Temperatur T_A der Elektronen und Löcher gleich der Sonnentemperatur wird. Da in Abwesenheit von Stößen mit den Gitterschwingungen die absorbierte Energie im Elektron-Loch System erhalten bleibt, ist es für die Größe des absorbierten Energiestroms vorteilhaft, den Bandabstand ε_G des Absorbermaterials gegen Null gehen zu lassen. Das Elektron-Loch System ist dann ein schwarzer Strahler und absorbiert nach (2.24) den Energiestrom σT_S^4, bei der Temperatur T_A emittiert es den Energiestrom σT_A^4. Der Wirkungsgrad, mit dem elektrische Energie geliefert wird, ist dann mit (8.8) und (8.10)

$$\eta = \frac{j_Q U}{\sigma T_S^4} = \frac{\sigma(T_S^4 - T_A^4)}{\sigma T_S^4}\left(1 - \frac{T_0}{T_A}\right) = \left(1 - \frac{T_A^4}{T_S^4}\right)\left(1 - \frac{T_0}{T_A}\right)$$

und ist damit identisch mit dem Wirkungsgrad der idealen Maschine in Gl.(2.51) in Abschnitt 2.5. Der Wirkungsgrad erreicht seinen maximalen Wert von $\eta_{max} = 0.85$ bei der Temperatur des Elektron-Loch Systems von $T_A = 2478$ K, wenn die Sonnentemperatur mit $T_S = 5800$ K eingesetzt wird.

Abb. 8.9 zeigt, dass der maximale Wirkungsgrad bei voller Konzentration mit wachsendem Bandabstand abnimmt, weil dann weniger absorbiert wird. Ohne Konzentra-

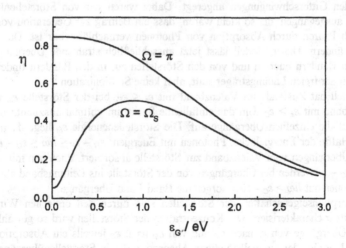

Abb. 8.9 Wirkungsgrad für Stoßionisation bei Einstrahlung des unkonzentrierten Sonnenspektrums mit $\Omega = \Omega_S$ und bei maximaler Konzentration mit $\Omega = \pi$

tion für $\Omega = \Omega_S$, also für das $AM0$ Spektrum, ist ein von Null verschiedener Bandabstand aber günstiger. Zwar werden auch für ein Material mit $\varepsilon_G = 0$ bei Abgabe der maximalen Leistung über das ganze Spektrum integriert weniger Photonen emittiert als absorbiert. Das gilt aber nicht für kleine Photonenenergien, bei denen für unkonzentrierte Einstrahlung mehr Photonen emittiert als absorbiert würden. Für $\varepsilon_G > 0$ wird die Bilanz günstiger.

Wir sehen, dass Stoßionisation und Auger-Rekombination eine ideale Energiekonversion zulassen, wenn die Wechselwirkung mit den Gitterschwingungen ausgeschlossen ist. Es gibt allerdings kein bekanntes Material, in dem diese Bedingungen auch nur annähernd erfüllt sind. Wenn jedoch einmal ein geeignetes Material oder eine geeignete Anordnung mit geringer Wechselwirkung zwischen Elektronen und Löchern auf der einen und Gitterschwingungen auf der anderen Seite gefunden werden sollte, dann wissen wir jetzt schon, wie damit umzugehen ist.

8.5 2-Stufen Anregung über Störstellen

Im Abschnitt 3.6.2.2 waren nicht-strahlende Übergänge von den Bändern zu einem Störstellenniveau behandelt worden. Besonders Störstellen mit Energien für Elektronen in der Mitte der Energielücke erleichtern die Rekombination erheblich und verschlechtern den Wirkungsgrad. Mit der bei der Rekombination frei werdenden Energie wurden Gitterschwingungen angeregt. Dabei waren wir von Störstellenkonzentrationen ausgegangen, die so klein waren, dass ein Beitrag zur Generation von Elektron-Loch Paaren durch Absorption von Photonen vernachlässigbar ist. Das wollen wir jetzt ändern. Unser Modell lässt jetzt ausschließlich strahlende Übergänge zwischen den Bändern oder zu und von den Störstellen zu. In den Bändern findet Thermalisation der freien Ladungsträger statt, aber keine Stoßionisation.[13] Das Modell hat Zustände im Valenzband mit $\varepsilon_e < \varepsilon_V$, bei der Störstelle ε_{St} und im Leitungsband mit $\varepsilon_e > \varepsilon_C$. Um das einfallende Spektrum optimal auszunutzen, teilen wir es auf die einzelnen Übergänge auf. Die Störstellenenergie ε_{St} liege dazu in der unteren Hälfte der Energielücke. Photonen mit Energien $\varepsilon_{St} - \varepsilon_V \leq \hbar\omega \leq \varepsilon_C - \varepsilon_{St}$ werden bei Übergängen vom Valenzband zur Störstelle absorbiert. Photonen mit $\varepsilon_C - \varepsilon_{St} \leq \hbar\omega \leq \varepsilon_C - \varepsilon_V$ werden bei Übergängen von der Störstelle ins Leitungsband absorbiert und Photonen mit $\hbar\omega > \varepsilon_C - \varepsilon_V$ besorgen die Band-Band Übergänge.

Die Absorptionseigenschaften der Störstellen sind durch den optischen Wirkungsquerschnitt σ charakterisiert. Die Konzentration der Störstellen wird so gewählt, dass sich für Übergänge von ε_V nach ε_{St} und von ε_{St} nach ε_C jeweils ein Absorptionsgrad von $a = 1$ ergibt, der zur vollständigen Absorption der in Störstellenübergängen absorbierbaren Photonen führt. Auch für Band-Band Übergänge sei die Absorption

---

[13] A. Luque and A. Martí, Phys. Rev. Lett.,**78** (1997) 5014

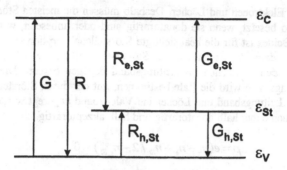

Abb. 8.10 Neben strahlenden Band-Band Übergängen mit den Raten G und R werden auch strahlende Übergänge zwischen dem Valenzband bzw. dem Leitungsband und dem Störstellenniveau berücksichtigt. Nicht-strahlende Übergänge sollen ausgeschlossen sein.

vollständig.

Die Elektronen und Löcher sollen eine so große Beweglichkeit haben, dass sie auch bei inhomogener Generation homogen verteilt sind. Mit Hilfe der Kontinuitätsgleichungen für die Teilchendichten, in denen mit der Divergenz der Elektronen- und Löcherströme auch berücksichtigt wird, dass sie nicht nur durch Rekombination verschwinden, sondern auch durch ihren Beitrag zum Ladungsstrom, werden die stationären Konzentrationen berechnet, die zu einem vorgegebenen Ladungsstrom gehören. Aus den Konzentrationen von Elektronen und Löchern folgt dann die Summe ihrer elektrochemischen Potenziale und damit die Spannung. Die Kontinuitätsgleichungen sind

$$\frac{\partial n_e}{\partial t} = G + G_{e,St} - R - R_{e,St} - \mathrm{div}\, j_e = 0 \qquad (8.11)$$

$$\frac{\partial n_h}{\partial t} = G + G_{h,St} - R - R_{h,St} - \mathrm{div}\, j_h = 0 \qquad (8.12)$$

$$\frac{\partial n_{e,St}}{\partial t} = R_{e,St} - G_{e,St} + G_{h,St} - R_{h,St} = 0 \qquad (8.13)$$

In der letzten Gleichung fehlt die Divergenz des Teilchenstroms, da Elektronen in den Störstellen unbeweglich sind und daher nicht zum Strom beitragen.
Da diese drei Gleichungen nicht unabhängig sind, müssen wir wie in Abschnitt 3.6.2.2 die Ladungsneutralität als weitere Gleichung heranziehen. Wegen der geforderten großen Absorption ist die Störstellendichte n_{St} jedoch jetzt nicht klein gegen

die Dichte der Elektronen und Löcher. Deshalb müssen die meisten Störstellen ungeladen sein, also besetzt, wenn sie donatorartig sind oder unbesetzt, wenn sie akzeptorartig sind. Beides ist für die beabsichtigte Störstellenabsorption schlecht, denn für Übergänge aus dem Valenzband in die Störstellen sollten sie unbesetzt sein, für Übergänge aus den Störstellen ins Leitungsband dagegen besetzt. Die kleinere der beiden Übergangsraten wird die Rate bestimmen, mit der durch Störstellenübergänge Elektronen ins Leitungsband und Löcher ins Valenzband angeregt werden. Wir wählen die Störstellen daher halb donatorartig und halb akzeptorartig.

$$\rho = e(n_h - n_e + n_{St} / 2 - n_{e,St}) = 0 \qquad (8.14)$$

Die Raten sind gegeben durch

$$G = \alpha \int_{\varepsilon_C - \varepsilon_V}^{\infty} dj_\gamma(\hbar\omega)$$

$$G_{e,St} = \sigma n_{h,St} \int_{\varepsilon_S - \varepsilon_C}^{\varepsilon_V - \varepsilon_S} dj_\gamma(\hbar\omega) \qquad (8.15)$$

$$G_{h,St} = \sigma n_{e,St} \int_{\varepsilon_V - \varepsilon_S}^{\varepsilon_C - \varepsilon_V} dj_\gamma(\hbar\omega)$$

Mit diesen Gleichungen kann auch die Generationsrate im Dunkeln, also bei ausschließlicher Einstrahlung der 300 K Umgebungsstrahlung bestimmt werden. In diesem Zustand des chemischen Gleichgewichts mit der Umgebungsstrahlung haben auch die Rekombinationsraten den gleichen Wert.
Die Rekombinationsraten sind allgemein

$$R = r_{C,V}\, n_e n_h$$

$$R_{e,St} = r_{C,St}\, n_e n_{h,St} \qquad (8.16)$$

$$R_{h,St} = r_{V,St}\, n_{e,St} n_h$$

Darin werden die Rekombinationskoeffizienten r aus den Gleichgewichtswerten der Rekombinationsraten mit Hilfe der Fermi-Verteilung im Dunkeln in gleicher Weise festgelegt wie bei der Behandlung der strahlungslosen Störstellen-Rekombination in Abschnitt 3.6.2.2.

Der Ladungsstrom j_Q ergibt sich wieder aus dem Integral der Divergenz des Elektronenstroms oder des Löcherstroms über die Dicke d der Zelle und ist näherungsweise

$$j_Q = e\,(G + G_{e,St} - R - R_{e,St})\,d, \qquad (8.17)$$

was bedeutet, dass auch der Absorptionsgrad durch $a = \alpha\, d$ genähert ist. Diese Nähe-

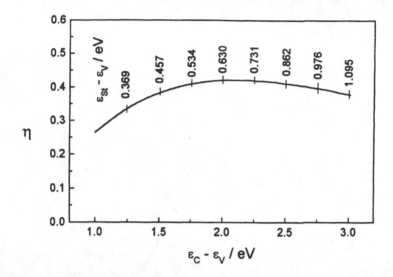

Abb. 8.11 Wirkungsgrad als Funktion des Bandabstands $\varepsilon_C - \varepsilon_V$ bei strahlenden Band-Band-Übergängen sowie strahlenden Übergängen zwischen ε_V und ε_{St} und zwischen ε_{St} und ε_C. Nicht-strahlende Übergänge sind ausgeschlossen.

rung erlaubt eine einfachere Rechnung, ohne dass dadurch die Gültigkeit der Ergebnisse eingeschränkt wird. Da die Band-Band-Rekombinationsrate R durch die Differenz der Fermi-Energien fest gelegt ist, ist Gl.(8.17) die Strom-Spannungs-Kennlinie, aus der die maximale Leistung und der Wirkungsgrad berechnet werden. Das Ergebnis für verschiedene Bandabstände und Lagen des Störstellenniveaus ist in Abb.8.11 zu sehen. Der Wirkungsgrad erreicht für das $AM0$-Spektrum einen Maximalwert von $\eta = 0.42$ bei einem Bandabstand $\varepsilon_C - \varepsilon_V = 2.14$ eV und einer Störstelle bei $\varepsilon_{St} - \varepsilon_V = 0.7$ eV.

Das Ergebnis erinnert an die Wirkungsgradverbesserung durch Tandemzellen, da auch hier das einfallende Spektrum auf unterschiedliche Übergänge aufgeteilt wird. Wie bei den Tandemzellen ist auch bei den Störstellenübergängen zu erwarten, dass der Wirkungsgrad noch größer wird, wenn mehr als ein Störstellenniveau berücksichtigt wird und das einfallende Spektrum dadurch in kleineren Portionen auf die einzelnen Übergänge aufgeteilt wird.

Ähnlich wie bei der Wirkungsgradverbesserung durch Stoßionisation wurden allerdings auch bei der Behandlung der ausschließlich strahlenden Übergänge über Störstellen stark idealisierende Annahmen gemacht, die es fraglich erscheinen lassen, ob sie jemals realisiert werden können.

9 Ausblick

Im ersten Kapitel hatten wir kennen gelernt, dass unsere gegenwärtige Energiewirtschaft so nicht weitergeführt werden kann, weil wir dabei sind, den Zustand der Erde zu verändern. Der Mensch und das ganze Leben auf der Erde haben sich in einem sehr langsamen Evolutionsprozess in stetiger Anpassung an diese Bedingungen entwickelt. Schnelle Änderungen dieser Bedingungen bezeichnen wir nicht umsonst als Naturkatastrophen. Das Leben auf der Erde ist ein sehr komplexes System, dessen innere Zusammenhänge wir auch heute noch nicht völlig überblicken. Will man nicht große Abweichungen vom gegenwärtigen Gleichgewicht riskieren, die das Leben als ganzes oder Teile davon in Gefahr bringen, dann sind nur kleine Änderungen der Umweltbedingungen erlaubt. Auf kleine Änderungen reagiert nämlich jedes System, auch unser komplexes Ökosystem linear, also auch mit nur kleinen Abweichungen vom alten Gleichgewichtswert. Die Beschränkung auf kleine Änderungen bedeutet, dass wir nur Prozesse benutzen dürfen, die es auch ohne den Menschen im bisherigen Gleichgewicht gibt, wie das Verbrennen von Holz, Kohle, Öl und Gas. Die dabei entstehenden Reaktionsprodukte wie CO_2, CO, SO_2 sind auch die Folge natürlicher Prozesse. Die jetzt vom Menschen erzeugten Mengen verletzen allerdings die Bedingung der Kleinheit der Änderung. Diese Bedingung ist jedoch auf jeden Fall verletzt, wenn Prozesse benutzt oder Substanzen erzeugt werden, die es ohne den Menschen gar nicht gibt. Das trifft besonders für viele Abfallprodukte der Kernenergienutzung zu. Ein anderes Beispiel sind die Fluorchlorkohlenwasserstoffe (FCKW), die in der Natur nicht vorkommen. Da sie jedoch ungiftig sind, chemisch nicht reagieren, also auch nicht brennbar sind, galten sie als völlig ungefährlich. Die Überraschung war groß, als man feststellte, dass sie die Ozonschicht zerstören und in großem Maße am Treibhauseffekt beteiligt sind. Für solche Überraschungen gibt es noch viele Beispiele.

Beim Prozess der Gewinnung von Elektrizität aus Sonnenenergie mit Solarzellen können wir vor solchen Überraschungen sicher sein. Mit dem, was in einer Solarzelle stattfindet, klinken wir uns nämlich nur ein in Prozesse, die auch ohne uns ablaufen. Ohne uns würde die Sonnenstrahlung nämlich von der Erdoberfläche absorbiert und teilweise reflektiert werden. Dadurch erwärmt sich die Erde gerade auf die Temperatur, bei der sie den von der Sonne absorbierten Energiestrom wieder abstrahlen kann. Diesen Prozess dürfen wir nur wenig ändern. Thermodynamisch gesehen wird die Wärme, die mit Sonnentemperatur eingestrahlt wird, auf Erdtemperatur abgekühlt. Die bei Sonnentemperatur wertvolle Wärme ist nach der Abkühlung praktisch wertlos. Lassen wir die Sonnenstrahlung dagegen auf Solarzellen fallen, dann wird ein Teil davon (in realen Systemen mit etwa 20% Wirkungsgrad: das meiste) an Ort und Stelle auf Umgebungstemperatur abgekühlt. Die von den Solarzellen erzeugte elektrische Energie lassen wir bei ihrer Nutzung einen Umweg durch den Verbraucher machen, bevor sie durch Reibung und andere dissipative Prozesse schließlich auch zu Wärme von Umgebungstemperatur degradiert und auch abgestrahlt wird. Mit Hilfe der Solarzellen lassen wir den natürlichen Abkühlungsprozess der Sonnenwärme lediglich andere, für uns günstigere Wege laufen.

Die vorangegangenen Kapitel haben nicht nur gezeigt, dass Solarzellen geeignet sind, um aus Sonnenenergie elektrische Energie zu gewinnen. Sie haben auch gezeigt, dass es dafür nichts Besseres gibt, wenn Solarzellen geschickt eingesetzt werden, wie z.B. in Tandemanordnungen, weil damit die von der Thermodynamik vorgegebenen Grenzen des Wirkungsgrads erreichbar sind. Das ist einerseits gut, weil wir nicht aus Gründen der prinzipiellen Grenzen des Wirkungsgrads weiter nach neuen Techniken der Sonnenenergienutzung suchen müssen, andrerseits können wir nicht hoffen, dass zukünftige Entdeckungen uns Techniken mit prinzipiell größeren Wirkungsgraden bescheren werden, und wir deswegen mit der ernsthaften Entwicklung einer Sonnenenergienutzung in großem Stil noch warten sollten.

Unsere jetzige Energiewirtschaft verbraucht Sauerstoff und erzeugt CO_2. Wegen der weitläufigen, schnellen Ausbreitung von Gasen ist das jedoch weitgehend kein lokales, sondern ein globales Problem. Das ist ein glücklicher Umstand für dicht besiedelte Gebiete wie Deutschland, wo es sonst keinen Sauerstoff mehr zum Atmen gäbe. Es hat aber auch zur Folge, dass sich Politiker nur schwer zu einer radikalen Änderung der gegenwärtigen Energiewirtschaft entschließen können, weil die dazu nötigen großen Anstrengungen lokal nicht belohnt werden, wenn sie nicht weltweit unternommen werden.
Eine globale Energieversorgung aus Sonnenenergie muss, sozusagen definitionsgemäß, möglich sein. Wenn unser Energiebedarf nämlich nicht klein gegen den von der Sonne auf die Erde kommenden Energiestrom wäre, dann hätte die Deckung dieses Bedarfs aus Vorräten auch ohne den Treibhauseffekt schon eine erhebliche Erhöhung der Erdtemperatur zur Folge.
Eine kurze Abschätzung zeigt, dass eine globale Versorgung aus Sonnenenergie im Prinzip leicht möglich ist. Von den $10 \cdot 10^9$ t SKE/a, die weltweit verbraucht werden, wird das meiste zur Erzeugung von Wärme niedriger Temperatur, zum Heizen und Kochen, verwendet. Ein großer Teil dieses Bedarfs kann mit Sonnenkollektoren selbst in Ländern wie Schweden bei guter Wärmeisolation an Ort und Stelle gedeckt werden. Der Rest, etwa $5 \cdot 10^9$ t SKE/a oder $5 \cdot 10^{13}$ kWh/a, könnte photovoltaisch mit Solarzellen erzeugt werden. Der größte Teil davon würde zur Erzeugung von Wasserstoff verwendet, um eine leicht transportierbare, speicherbare Form chemischer Energie zu erhalten. In sonnenreichen Gegenden mit Einstrahlungen von mehr als 2000 kWh/(a m²) würde bei einem Gesamtwirkungsgrad von 10 Prozent eine Fläche von $2,5 \cdot 10^{11}$ m² benötigt. Ein Vielfaches dieser Fläche von 500 km mal 500 km steht uns in den sonnenreichen Wüsten zur Verfügung. Trotzdem können angesichts der

riesigen Größe dieser Fläche Zweifel an einer globalen Sonnenenergienutzung kommen. Da wir daran aber nicht vorbei kommen werden, kann die Konsequenz nur sein, den Energiebedarf zu reduzieren, zumindest nicht weiter zu steigern. Diese Zukunftsvision, die schon aus politischen Gründen gegenwärtig nicht realisierbar ist, darf uns nicht den Blick dafür verstellen, welchen Beitrag die Sonnenenergie schon jetzt und in Deutschland leisten kann. Zum Glück gibt es ein riesiges Potenzial, denn nur, wenn dieses Potenzial in den Industrieländern groß ist, werden dort die Techniken entwickelt, die für die Wüste gebraucht werden. Wir machen deshalb eine Abschätzung der in Deutschland möglichen Erzeugung von elektrischer Energie mit Solarzellen.

In der Bundesrepublik wohnen etwas über 80 Millionen Einwohner auf einer Fläche von 357000 km². Die Bevölkerungsdichte ist damit 226 Einwohner pro km², und jedem stehen 4425 m²/Kopf zur Verfügung. Die Sonne liefert in Deutschland über das Jahr summiert etwa 1000 kWh/(a m²), das sind im zeitlichen Mittel 115 W/m². Pro Person liefert die Sonne auf der Fläche von 4425 m²/Kopf im zeitlichen Mittel rund 500 kW/Kopf. Der gegenwärtige Energiebedarf ist dagegen 5,7 kW/Kopf, davon 0,76 kW/Kopf an elektrischer Energie. Es ist jetzt nicht vorstellbar, dass ein wesentlicher Teil der Fläche der Bundesrepublik zur Energiegewinnung genutzt wird, obwohl wir uns den Luxus leisten, für unseren wichtigsten Energiebedarf, nämlich die nur 0,1 kW/Kopf an Nahrung, 180 000 km², die Hälfte der Gesamtfläche Deutschlands, als Acker- und Grünland für die Landwirtschaft zu beanspruchen. Für die Befriedigung des elektrischen Energiebedarfs mit Solarzellen würden bei einem Wirkungsgrad von 20%, der in Zukunft wohl erreicht wird, 33 m²/Kopf an Fläche gebraucht. Das ist fast soviel wie die 35 m²/Kopf, die im Mittel jedem in Deutschland als Wohnraum zur Verfügung stehen. Wir schätzen, dass in gewerblich genutzten Gebäuden mindestens noch mal die gleiche Fläche hinzukommt. Nehmen wir im Mittel dreigeschossige Gebäude an, dann ergibt sich eine Bodenfläche von 23 m²/Kopf, die in Deutschland von Gebäuden bedeckt ist. Etwas größer werden die Dachflächen sein, von denen nur die nach Norden weisenden für die Sonnenenergienutzung ungeeignet sind. Zusätzlich sind, insbesondere bei Hochhäusern, die nach Süden weisenden Fassadenflächen gut geeignet.
Als Ergebnis dieser Abschätzung halten wir fest, dass an und auf den bestehenden Gebäuden schon fast die zur Deckung unseres gegenwärtigen elektrischen Energiebedarfs mit Solarzellen benötigte Fläche vorhanden ist. Es ist also nicht die Rede davon, Wälder durch Solarzellen zu ersetzen. Da die Sonne im Sommer mehr scheint als im Winter, wir aber im Winter mehr Energie brauchen als im Sommer, muss Energie vom Sommer zum Winter gespeichert werden. Das ist ein noch ungelöstes Problem. Es wird sicher nicht ohne Speicherverluste gehen, was den Bedarf an Dachfläche noch vergrößert. Bei einer solchen Rechnung muss aber auch berücksichtigt werden, dass gegenwärtig elektrische Energie zur Erzeugung von Wärme niedriger Temperatur, zur Heizung von Gebäuden und für warmes Wasser, vergeudet wird. Wir könnten mit wesentlich weniger elektrischer Energie auskommen, ohne auf Komfort zu verzichten. Das große Potenzial, mit Solarzellen elektrische

Energie ohne Zerstörung unserer Umwelt auch unter den nicht sehr günstigen Einstrahlungsbedingungen in Deutschland zu erzeugen, rechtfertigt die größten Anstrengungen. Wegen der großen Bevölkerungsdichte in Deutschland und dem großen Energieverbrauch pro Kopf ist es nicht sehr wahrscheinlich, dass jemals der ganze Energiebedarf durch Nutzung der Sonnenenergie ausschließlich auf dem Boden Deutschlands gedeckt wird. Wahrscheinlicher ist, dass Deutschland auch in einem Zeitalter der Sonnenenergienutzung Energie aus sonnenreicheren, dünner besiedelten Ländern importieren wird.

10 Anhang

Naturkonstanten

Boltzmann-Konstante	k	$= 1.3807 \cdot 10^{-23}$ Ws/K	$= 8.617 \cdot 10^{-5}$ eV/K
Planck-Konstante	h	$= 6.626 \cdot 10^{-34}$ Ws^2	$= 4.136 \cdot 10^{-15}$ eVs
	$\hbar$	$= 1.0546 \cdot 10^{-34}$ Ws^2	$= 6.582 \cdot 10^{-16}$ eVs
Lichtgeschwindigkeit	c_{vac}	$= 2.998 \cdot 10^{8}$ m/s	
Elementarladung	e	$= 1.602 \cdot 10^{-19}$ As	
elektr. Feldkonstante	ε_0	$= 8.85 \cdot 10^{-12}$ As/(Vm)	
Stefan-Boltzmann-Konst.	σ	$= 5.67 \cdot 10^{-8}$ W/(m^{2}K^4)	
Raumwinkel der Sonne	Ω_s	$= 6.8 \cdot 10^{-5}$	

$$\hbar\omega \cdot \lambda = hc_{vac} = 1.240 \cdot \text{eV}\mu\text{m}$$

$$\frac{1}{4\pi^3 \hbar^3 c_{vac}^2} = 5.03 \cdot 10^7 \frac{\text{W}}{(\text{eV})^4 \, \text{m}^2}$$

Energieeinheiten

1 eV $= 1.602 \cdot 10^{-19}$ J
1 J $= 1$ Ws $= 1$ Nm
1 kWh $= 3.6 \cdot 10^6$ J

Materialkonstanten

	Ge	Si	GaAs
ε_G / eV	0.66	1.12	1.42
χ / eV	4.13	4.01	4.07
ε	16	11.9	13.1
N_C / cm^{-3}	$1 \cdot 10^{19}$	$3 \cdot 10^{19}$	$5 \cdot 10^{17}$

	Ge	Si	GaAs
N_V / cm^{-3}	$6 \cdot 10^{18}$	$1 \cdot 10^{19}$	$7 \cdot 10^{18}$
n_i / cm^{-3}	$2.4 \cdot 10^{13}$	$1 \cdot 10^{10}$	$1.8 \cdot 10^{6}$
m_e^*/m_e	0.22	0.22	0.067
m_h^*/m_e	0.29	0.55	0.47
$b_e / \left[cm^2 / (Vs) \right]$	3600	1350	8500
$b_h / \left[cm^2 / (Vs) \right]$	1800	480	400

Standardspektrum $AM1.5$ global mit insgesamt 1000 W/m²

λ	$dj_E/d\lambda$	λ	$dj_E/d\lambda$	λ	$dj_E/d\lambda$
µm	W/(m²µm)	µm	W/(m²µm)	µm	W/(m²µm)
0.3050	9.5	0.7400	1271.2	1.5200	262.6
0.3100	42.3	0.7525	1193.9	1.5390	274.2
0.3150	107.8	0.7575	1175.5	1.5580	275.0
0.3200	181.0	0.7625	643.1	1.5780	244.6
0.3250	246.8	0.7675	1030.7	1.5920	247.4
0.3300	395.3	0.7800	1131.1	1.6100	228.7
0.3350	390.1	0.8000	1081.6	1.6300	244.5
0.3400	435.3	0.8160	849.2	1.6460	234.8
0.3450	438.9	0.8237	785.0	1.6780	220.5
0.3500	483.7	0.8315	916.4	1.7400	171.5
0.3600	520.3	0.8400	959.9	1.8000	30.7
0.3700	666.2	0.8600	978.9	1.8600	2.0
0.3800	712.5	0.8800	933.2	1.9200	1.2
0.3900	720.7	0.9050	748.5	1.9600	21.2
0.4000	1013.1	0.9150	667.5	1.9850	91.1
0.4100	1158.2	0.9250	690.3	2.0050	26.8
0.4200	1184.0	0.9300	403.6	2.0350	99.5
0.4300	1071.9	0.9370	258.3	2.0650	60.4
0.4400	1302.0	0.9480	313.6	2.1000	89.1
0.4500	1526.0	0.9650	526.8	2.1480	82.2
0.4600	1599.6	0.9800	646.4	2.1980	71.5
0.4700	1581.0	0.9935	746.8	2.2700	70.2
0.4800	1628.3	1.0400	690.5	2.3600	62.0
0.4900	1539.2	1.0700	637.5	2.4500	21.2
0.5000	1548.7	1.1000	412.6	2.4940	18.5
0.5100	1586.5	1.1200	108.9	2.5370	3.2
0.5200	1484.9	1.1300	189.1	2.9410	4.4
0.5300	1572.4	1.1370	132.2	2.9730	7.6
0.5400	1550.7	1.1610	339.0	3.0050	6.5
0.5500	1561.5	1.1800	460.0	3.0560	3.2
0.5700	1507.5	1.2000	423.6	3.1320	5.4
0.5900	1395.5	1.2350	480.5	3.1560	19.4
0.6100	1485.3	1.2900	413.1	3.2040	1.3
0.6300	1434.1	1.3200	250.2	3.2450	3.2
0.6500	1419.9	1.3500	32.5	3.3170	13.1
0.6700	1392.3	1.3950	1.6	3.3440	3.2
0.6900	1130.0	1.4425	55.7	3.4500	13.3
0.7100	1316.7	1.4625	105.1	3.5730	11.9
0.7180	1010.3	1.4770	105.5	3.7650	9.8
0.7244	1043.2	1.4970	182.1	4.0450	7.5

194

Index

A

Abbésche Sinusbedingung 34
abbildendes System 32
Absorption
  reversible 42
Absorptionsgrad 26, 76, 133
Absorptionskonstante 26, 72, 74
Absorptionswirkungsgrad 164
Abstrahlung
  in den Halbraum 22
Air Mass 30
Akzeptoren 59
AM1.5 30
ambipolare Diffusion 115
Auger-Rekombination 82, 177
Austrittsarbeit 69, 140

B

back surface field 154
Bose-Einstein Verteilung 13
Brechungsgesetz 77

C

Carnot-Wirkungsgrad 39, 99
chemische Energie 69
chemische Energie der Elektron-Loch
  Paare 97
chemisches Gleichgewicht 123
chemisches Potential
  konzentrationsabhängiger Anteil 70
chemisches Potential der Photonen 82,
  99
Clausius 32
CO_2-Gehalt 8

D

Dember-Effekt 116

detailliertes Gleichgewicht 79
detalliertes Gleichgewicht 77
Dichte der Elektronen 52
Diffusion, ambipolare 115
Diffusionslänge 113, 129
Diffusionsstrom 105
direkter Übergang 50, 71
Donatoren 58
Dotierung 58
Driftgeschwindigkeit 104
Dünnschicht-Solarzellen 160
Durchlassrichtung 129

E

effektive Masse 49
effektive Zustandsdichte 53
Einfangquerschnitt 84
elektrische Spannung 132
elektrochemische Solarzelle 121
elektrochemisches Gleichgewicht 66,
  124
elektrochemisches Potential
  der Elektronen 64
  der Löcher 68
Elektrolyt 122
Elektronenaffinität 58, 70
Emissionsgrad 26
Emissionsrate 80
Energiebänder 47
Energiedichte 17
Energiedichte pro Raumwinkel 18
Energielücke 45
Energieskala 58
Energiestrom 18
Energiestromdichte pro Raumwinkel 19
Energieverbrauch 4
Energie-Vorräte 4
Entropie 33
  pro Elektron 67
Entropieerzeugung 110

Entropiestrom 40
Erdtemperatur 9
Ersatzschaltung 161

F

Farbstoffsolarzelle 121
Feldstrom 104
Fensterschicht 161
Fermi-Verteilung 51
Freie Energie 51, 66
Füllfaktor 149, 165

G

Generationsrate 76, 133
Gesamtladungsstrom 107
Glühemission 70
Grenze des Wirkungsgrads 171

H

Haftstellen 61
Halbleiter 44
Halbleiter-Metall-Kontakt 140
Heiße Elektronen 178
Helmholtz 32
Heteroübergänge 137, 161
Hohlraum 12

I

ideales Gas 68
indirekter Übergang 50, 73
intrinsische Dichte 53

K

Kirchhoff'sches Strahlungsgesetz 25
Kohlehydrate 5
Kohlehydrate, Verbrennung 8
Kohlendioxid 8
Kohlenstoff 6
Kohlenstoff, maximale Menge 6
kombinierte Masse 72
kombinierte Zustandsdichte 72
Kontakte 140
Kontinuitätsgleichung 75

Konzentration
  maximale 37
Konzentration der Sonnenstrahlung 32
Konzentrationsfaktor 35
Konzentrator-Zellen 173
Kurzschlussstrom 132, 149

L

Ladungsneutralität 86
Landsberg-Wirkungsgrad 40
Lebensdauer 92
Leerlaufspannung 149
  Temperaturabhängigkeit 163
Leitungsband 45
Lichteinfang 155
Lichtstärke 36
Löcher 54
Lumineszenzstrahlung 81

M

MIS-Kontakt 143
mittlere Energie
  der Elektronen 54
  der Löcher 56
  der Photonen 18

N

n-Leiter 60

O

Oberflächenrekombination 90
Oberflächenrekombinationsgeschwindig-
  keit 91
Oberflächenstruktur 158
Oberflächenzustände 91, 141
ohmscher Kontakt 141

P

Phononen 44
Photonendichte 13, 18
Photosynthese 5
Plancksches Strahlungsgesetz 13, 16

p-Leiter 60
pn-Übergang 123
Poisson-Gleichung 125
Primärenergieverbrauch 4
Punkt maximaler Leistung 147

Q

Quasi-Fermi-Verteilung 62

R

Raumladung 125
Raumladungszone 127
Raumwinkel 16, 156
Rekombination 78
Rekombinationszentren 61

S

Schottky-Kontakt 142
schwache Anregung 94
schwache Injektion 94
schwarzer Körper 25
Schwarzer Strahler 12
Serienschaltung 172
Shockley-Read-Hall Rekombination 84
Silizium-Solarzelle 153
Sonnenspektrum 28
Sperrrichtung 129
Sperrstrom 132
Stefan - Boltzmann'sches
    Strahlungsgesetz 22
Störstellen
    Anregung über 182
    Rekombination über 83, 135
Stoßionisation 71, 176
strahlende Rekombination 79
strahlungslose Rekombination 82
Strom-Spannungskennlinie 132, 155
Strukturierte Oberflächen 159

T

Tandemzellen 167
Thermalisierung 62, 178
Thermalisierungswirkungsgrad 165
thermodynamischer Wirkungsgrad 165
thermodynamisches Gleichgewicht 65
thermophotovoltaische Konversion 176
Totalreflexion 155
Transport, selektiver 103
Transportwiderstand 131
Treibhauseffekt 8
Tunneln 143

U

Unbestimmtheitsrelation 47

V

Valenzband 45
Venus 11
Verbrennung 8
Verteilungsfunktion
    für Elektronen 46, 51
    für Photonen 13

W

Widerstand 131
Wirkungsgrad 151
    maximaler 38, 98

Z

Zustände 13
Zustandsdichte 13
    für Elektronen 46, 48
    für Photonen 16
Zwei-Diodenmodell 135
Zwei-Stufen Anregung 182